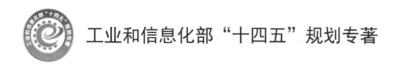工业和信息化部"十四五"规划专著

硅基光电子集成技术
——光波导放大器和激光器

王兴军　周佩奇　王　博　著

电子工业出版社
Publishing House of Electronics Industry
北京 · BEIJING

内 容 简 介

光波导放大器和激光器是作者在硅基光电子学中最重要方向之一——硅基光源数十年教学科研成果的总结。本书包括绪论、掺铒材料体系的光发射理论与建模、掺铒材料制备与发光特性优化、硅基集成掺铒光波导放大器、硅基集成掺铒光波导激光器、硅基掺铒材料-半导体异质集成光源、高增益单晶铒硅酸盐化合物纳米线光源，共7章内容。

本书可作为高等院校光电子学、物理电子学、微电子与固体电子学、光学工程、通信与信息系统等专业高年级本科生和研究生相关课程的教材，也可供相关领域的研究人员和工程技术人员参考。

图书在版编目（CIP）数据

硅基光电子集成技术：光波导放大器和激光器 / 王兴军，周佩奇，王博著. —北京：电子工业出版社，2022.8

ISBN 978-7-121-43965-0

Ⅰ. ①硅…　Ⅱ. ①王… ②周… ③王…　Ⅲ. ①硅基材料—应用—光集成电路　Ⅳ. ①TN491

中国版本图书馆 CIP 数据核字（2022）第 123253 号

责任编辑：刘御廷
印　　刷：北京盛通数码印刷有限公司
装　　订：北京盛通数码印刷有限公司
出版发行：电子工业出版社
　　　　　北京市海淀区万寿路 173 信箱　　邮编：100036
开　　本：787×1092　1/16　印张：13.25　字数：282 千字
版　　次：2022 年 8 月第 1 版
印　　次：2023 年 12 月第 3 次印刷
定　　价：99.00 元

凡所购买电子工业出版社图书有缺损问题，请向购买书店调换。若书店售缺，请与本社发行部联系，联系及邮购电话：（010）88254888，88258888。

质量投诉请发邮件至 zlts@phei.com.cn，盗版侵权举报请发邮件至 dbqq@phei.com.cn。

本书咨询联系方式：（010）88254059。

前　言

随着在互联网时代下海量数据的高速增长，当今社会对带宽的要求越来越高。传统的微电子行业在满足不断增长的通信、计算以及传感应用需求时面临着两大挑战：能效和成本。光子学以更高的信息承载能力和更高的功率密度，可以为此提供解决方案。自 20 世纪 70 年代低损耗通信光纤和半导体光电子技术获得突破性进展以来，光通信已经成为大容量通信的标准方案，将光通信技术移植到核与核或芯片与芯片之间的通信中，具有非常大的应用潜力和良好的发展前景。

近年来，随着微电子互补金属氧化物半导体（CMOS）工艺的成熟，硅基光电子技术以惊人的速度发展，成为当今电子和光子技术的焦点。硅基光电子技术是将光子和电子共同作为信息载体，基于硅或与硅兼容材料的工艺平台，发展起来的大规模光电集成技术。它既具有光子通信高速、大带宽、低功耗、低成本的优势，又具有 CMOS 工艺兼容性，能利用现有 CMOS 工艺线实现大批量、低成本的制造。硅基光电子技术最有望成为光电集成的主要平台，广泛用于高速光互连的电路和芯片级的数据通信。

作为硅基光电子技术的基本功能单元，硅基光源是当前仍未完全解决的世界性难题。主要原因在于，硅材料本身属于间接带隙半导体材料，其辐射复合的过程必须伴随着声子的发射或吸收，导带底的电子只能间接跃迁到价带顶。同时，俄歇复合和自由载流子吸收两个较强的非辐射跃迁过程也会消耗能带中的载流子。因此，硅的发光效率非常低，仅有 10^{-5}，不能作为高效的光源材料。

理想的硅基光源需具备以下几大特征：

（1）工作在 1310 nm 或 1550 nm 波长上，直接与光纤网络连接。

（2）以紧凑的尺寸和高集成密度进行光/电泵浦。

（3）拥有高转换效率，以获得足够的输出功率。

（4）采用与 CMOS 工艺兼容的技术制备，用于大规模硅基集成。

虽然硅基发光存在基础性困难，研究者们在过去数十年的努力中仍然取得了重要的进展。鉴于它们的综合性能，目前的研究主要集中于以下三种有前途的硅基光源：

（1）硅基Ⅲ-Ⅴ族半导体混合集成光源，利用成熟的直接带隙半导体材料实现高效发光。

（2）硅基稀土离子掺杂光源，在硅基材料中植入发光中心，直接利用稀土发光离子作为工作物质。

（3）硅基应变锗光源，利用能带工程适当改变锗的能带结构，大大增强带隙发光。

本书主要探讨了硅基集成掺铒材料的发光原理、制备方式、表征手段，以及硅基集成掺铒光波导放大器、激光器的理论建模、仿真设计、加工制备、性能测试等内容，对硅基集成掺铒光波导放大器与激光器的发展方向提出了建设性意见。硅基集成掺铒光波导放大器与激光器终将在未来广泛应用于 5G/6G 通信、数据中心、物联网、智慧城市等领域，满足对海量数据传输与处理的重大需求，对推动未来信息化发展、提升核心科技竞争力具有重大意义。

需要指出的是，书中数据分析所用图、表，部分为仿真软件导出图、表，其数据意义不尽相同，无法也无必要严格按照坐标图的画图规范和数值标注要求进行处理，请读者阅读时注意这一点。

本书由王兴军、周佩奇、王博共同完成，同时也感谢世界各国的合作者提供的部分思路和灵感。

目　　录

第 1 章 绪 论

1.1 硅基光电子学

1.1.1 硅基光电子学的高速发展

随着互联网时代大数据的高速增长，社会对带宽的要求越来越高。传统的微电子行业在满足不断增长的通信、计算以及传感应用需求时面临着两大挑战：能效和成本。光子学更高的信息承载能力和更高的功率密度，可以为此提供解决方案。自 20 世纪 70 年代低损耗通信光纤和半导体光电子技术获得突破性进展以来，光通信已经成为大容量通信的标准方案，将光通信技术移植到核与核或芯片与芯片之间的通信中，具有非常大的应用潜力和良好的发展前景[1]。

近年来，随着微电子互补金属氧化物半导体（Complementary Metal Oxide Semiconductor，CMOS）工艺的成熟，硅基光电子（Silicon Photonics）技术以惊人的速度发展，成为当今电子和光子技术的焦点。硅基光电子技术是将光子和电子共同作为信息载体，基于硅（Si）或与硅兼容材料的工艺平台，发展起来的大规模光电集成技术[2]。它既具有光子通信高速、大带宽、低功耗、低成本的优势，又具有 CMOS 工艺兼容性，能利用现有 CMOS 工艺线实现大批量低成本的制造。硅基光电子技术最有望成为光电集成的主要平台，广泛用于光电集成电路（Opto-Electronic Integrated Circuit，OEIC）和芯片级数据通信。

随着信息产业持续的指数级性能增长，全球互联网流量大幅增长，已在 2016 年超过 2^{70} 字节阈值[3]。在这一趋势下，信号处理迫切需要低成本的宽带、高密度、高速数据互连计算。拥有更高速率、更大带宽以及更低功耗的光互连技术，被公认是攻克当今通信瓶颈的有效解决方案，而硅基光电子技术正是实现光互连的最佳途径[4]。三十多年前 Soref 和 Bennett 的工作[5]，标志着硅基光电子学的曙光。近年来，在大量科研机构、高校和企业的共同努力下，硅基光电子技术迅速推进，已逐步从技术探索、技术突破进入今天的集成应用阶段。如图 1.1 中所示，2004 年，Intel 研究小组研制了首个基于金属氧化物半导体（Metal Oxide Semiconductor，MOS）电容结构的单片硅基调制器，实现了超过 1 GHz 的调制带宽[6]。2006 年，美国加州大学圣芭芭拉分校与 Intel 公司首次成功研制了电驱动的硅基III-Ⅴ族半导体混合集成激光器[7]。2007 年，Intel 研究小组利用载流子耗尽式结构，将硅基调制器的 3 dB 带宽和数据传输率分别提升到了 30 GHz 和 40 Gbps[8]。2008 年，Luxtera 公司基于当时 130 nm 的 CMOS 工艺线，开发了第一个单片集成的硅基高速光收发模块，该模块基于波分复用技术，数据传输率为 4×10 Gbps[9]。2010 年，硅基光电子技术的研发体制开始由学术机构推进转变为厂商主导，迎来产业化和高速发展期。目前，全球几大主要的光芯片、光器件厂商都在硅基光电子领域进行布局。2012 年，Luxtera 公司发布了 PSM4 方案的 100G 光模块（其中 "G" 表示 Gbps，下同）。2014 年，Finisar 公司推出了端到端 50G 的硅光接口。2016 年，Intel 公司发布了并行单模 4 通道（Paralell Single Mode 4 lanes，PSM4）方案和粗波分复用（Coarse Wavelength Division Multiplexer，CWDM）方案的 100G 光模块。同年 5 月，Acacia 公司于美国纳斯达克上市，成为首家上市的独立硅基光电子公司，标志着硅基光电子器件的产业化逐渐走向成熟。2020 年，硅基光电子技术已经迈向了新的台阶，成为 400G 光模块的有力选择。总而言之，硅基光电子技术的高速发展，将使半导体、芯片、光学元件和整个数据系统的新设计成为可能。

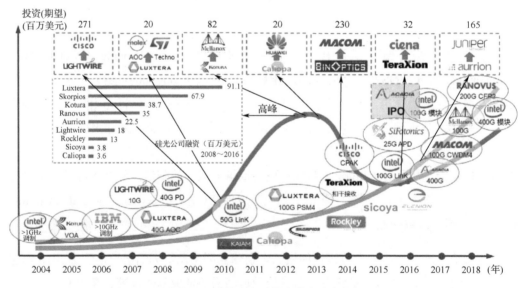

图 1.1　硅基光电子技术的高速发展

1.1.2　硅基光电子学的技术挑战

作为硅基光电子技术的基本功能单元，光子器件用于实现光的产生，以及光信号的调制、传输、检测和存储，主要分为无源器件和有源器件两大类。无源器件不需要外部供能，包括波导器件、耦合器件、波分复用/解复用器和微环谐振腔等；有源器件则需要外部供能，包括激光器、调制器、探测器等。Intel 公司曾指出，将上述光子器件 "硅片化" 并与纳米电子器件相集成，实现高性能、低成本的光电单片集成是硅基光电子技术发展的终极目标[10]。光电单片集成基于相同的材料工艺和平台，将光子与电子功能器件集成到同一基底上，目前的核心技术挑战是芯片上各单元的结构设计、材料工艺兼容以及耦合封装。该技术方案决定了光子-电子转换的有效性，最终决定了整个"芯片上系统"的能耗、速度、带宽密度和集成成本[11]。对于光电集成平台来说，与 CMOS 技术高兼容性的绝缘体上硅（Silicon On Insulator，SOI）平台具有高度的精度和成熟性，以及低成本、高产率和可复制的技术优势[12]。硅及其氧化物（SiO_2）形成高折射率对比度、高限制波导，非常适合中高集成度和小型无源器件的透明波长范围，包括最重要的 1310 nm 和 1550 nm 通信波段。SOI 平台自身在制备波导器件、复用/解复用器、调制器和光电探测器等基础光子元件上具有天然的优势。2006 年，Luxtera 公司试图通过将光子器件集成到当时最先进的 130 nm 的 SOI-CMOS 工艺中，第一次实现光电单片集成的商用化工艺[13]，通过单片集成实现了低能耗、高带宽的发射和接收组件。2018 年，由麻省理工学院、加州大学伯克利分校和波士顿大学领导的研究团队，将全功能的硅光平台与 65 nm 的 CMOS 工艺相结合，展示了单片电子-光子集成系统，如图 1.2 所示[7]。他们采用浅沟光隔离工艺，并利用低光传输损耗和高载流子迁移率的优化多晶硅膜，最终将当今三种主要的深尺寸 CMOS 工艺中的晶体管结构，与无源光子元件、自由载流子等离子体色散调制器和利用多晶硅晶界缺陷态吸收的光电探测器集成到同一单片上。

纵观发展轨迹和最新进展，硅基光电子技术实现了很多重要的基础功能，一些关键器件已被证明具有优异的性能，如低损耗硅波导[14]、高速硅基调制器[15]和大带宽硅基探测器[16]。此外，研究者们也已经在通信领域初步实现了超过 30 Tbps/cm^2 高带宽密度的光互连系统[17]。然而，在硅基光电子器件中，通信波段的硅基光源是当前仍未完全解决的世界性难题。主要原因在于，硅材料本身属于间接带隙半导体材料，能带结构如图 1.3 所示[18]，其辐射复合的过程必须伴随着声子的发射或吸收，导带底的电子只能间接接跃迁到价带顶。同时，俄歇复合和自由载流子吸收两个较强的非辐射跃迁过程也会消耗能带中的载流子。因此，硅的发光效率非常低，仅有 10^{-5}，并不能作为高效的光源材料。

目前对于光电单片集成芯片来说，仍使用外部光源和混合集成光源两种方式。外部光源直接将成熟高效、稳定性好的光源从芯片外部输入，避免了直接在硅基上制备光源的难点，但外部光源与硅基芯片间需要进行片外耦合与对准，不仅会带来较大的耦合损耗，后期的封装成本也不容忽视，终究无法实现大规模集成；混合集成光源则是利用键合等工艺将光源集成到同一衬底上，其优势是灵活度高，但制备工艺较为复杂，且不同材料间的键合过程会引入额外的寄生效应，增加了后期封装的复杂性。因此，将光源集成到硅基光电子系统仍然没有很好解决，仍然是当前硅基光电子学研究的重中之重。硅基光源包括硅基光波导放大器和激光器。目前，硅基光电子学中光学

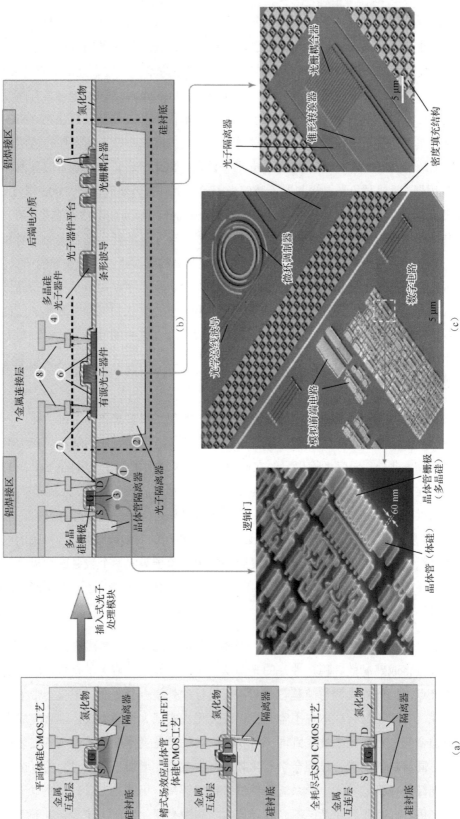

图 1.2　纳米级晶体管与光子器件的集成

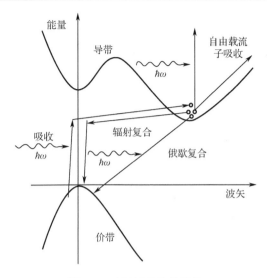

图 1.3 硅材料的能带结构

器件的规模正在不断显著增加，以满足光通信和光网络中高信息传输率和大信息传输能力的需求。然而，光信号在各个器件中的衰减是不可避免的，例如，基于硅基光电子平台的硅基调制器（2～3 dB/mm）[19,20]、光电探测器（<0.1 dB）[21]、其他无源器件（0.5 dB）[22]以及器件间的传输损耗（>0.3 dB/cm[23]），使整个片上损耗很容易超过 20 dB，这严重影响整个系统的传输性能。未来，如果像集成电路一样，在芯片上集成上千万个硅基光电子器件，对信号光衰减的补偿研究也就变得更加重要，是当前硅基光电子技术研究的重点之一。因此，硅基光波导放大器是大规模硅基光电子系统中不可或缺的器件，对于光信号的片上放大起着重要作用。

此外，硅基光波导放大器也是硅基激光器的基础，在光波导放大器中设计合适的谐振腔结构，形成高效的选模振荡，就可以产生激光模式的输出。高性能的硅基波导激光器在光互连与通信中都发挥着重要的作用。对光互连而言，其通常需求是一个约100 fJ/bit 的系统能源目标，为光源分配大约 10～20 fJ/bit[24]。这就需要使用低阈值、高功率的硅基激光器设计。对光通信而言，在保持相同的符号速率的情况下，需要使用更高级的调制格式以在单个波长上实现更快的传输速率[8]。具有低相位噪声和窄线宽的硅基激光器能很好地实现这种调制功能。

1.2 硅基集成光源

为了将微电子和光通信技术更好地结合，作为硅基光电子芯片的关键，理想的硅基光源需具备以下几大特征[25]：

（1）工作在 1310 nm 或 1550 nm 波长，直接与光纤网络连接。

（2）以紧凑的尺寸和高集成密度进行光/电泵浦。

（3）拥有高转换效率，以获得足够的输出功率。

（4）采用与 CMOS 工艺兼容的技术制备，用于大规模硅基集成。

虽然硅基发光存在基础性困难，研究者们在过去数十年的努力中，仍然取得了重要的进展。考虑到综合性能，目前的研究主要集中于以下三种有前途的硅基光源：

- 硅基Ⅲ-Ⅴ族半导体混合集成光源，利用成熟的直接带隙半导体材料实现高效发光。
- 硅基稀土离子掺杂光源，在硅基材料中植入发光中心，直接利用稀土发光离子作为工作物质。
- 硅基应变锗光源，利用能带工程适当改变锗的能带结构，大大增强带隙发光。

1.2.1　硅基Ⅲ-Ⅴ族半导体混合集成光源

Ⅲ-Ⅴ族半导体是直接带隙半导体材料，带间复合为直接跃迁，其发光效率比硅大得多，因此，在硅基上混合集成Ⅲ-Ⅴ族半导体材料是硅基光源的一大主流候选方案。通过调节半导体材料的组分来改变材料的带隙宽度，进而获得所需的光源波长。

Ⅲ-Ⅴ族半导体材料主要是以利用外部电驱动的方式，将非平衡载流子注入能带中而获得直接辐射复合发光，这一过程通常采用 PN 结来实现，从早期的同质结到单异质结，再到双异质结。近年来，随着材料维度的降低和材料结构特征尺寸的减小，量子效应表现得愈加突出，由此带来的新现象、高性能成为新一代半导体光源的基础，当今主流的半导体材料主要采用多量子阱（Multiple Quantum Well，MQW）与量子点（Quantum Dot，QD）两种异质结结构。目前，实现高效电泵浦硅基半导体光源主要有两种方法：一种方法是异质集成方案，先在 InP 基上生长高质量的Ⅲ-Ⅴ增益材料，然后将其键合到图案化 SOI 晶片上，以实现高效的波导耦合；另一种方法则是外延方案，在硅基上直接外延（使用中间缓冲层）生长Ⅲ-Ⅴ增益层，其问题是晶格和热失配导致的穿线位错。尽管量子点材料减少了穿线位错的影响，但仍然不能提供足够的激光寿命[26]。

近年来，硅基半导体光源开始应用到各领域中，金属有机化学气相沉积（Metal Organic Chemical Vapor Deposition，MOCVD）等生长技术已经成熟，量子阱/量子点硅基半导体放大器与激光器在学术界和产业界被广泛关注，并在实践中得以应用发展。2007 年，Park 等首次采用直接键合的方法制备了硅基Ⅲ-Ⅴ族半导体光放大器（Semiconductor Optical Amplifier，SOA）[27]，其结构如图 1.4（a）所示。该混合集成的放大器通过电流注入的方式，在 InGaAlAs 量子阱有源层中产生光增益。同时，利用倏逝波耦合的方式将硅波导中的光场耦合至量子阱区域进行光放大。器件测到了9.1 dB/mm 的最大片上增益，输入饱和功率测得为-2 dBm，如图 1.4（b）所示。2019 年，

Matsumoto 等采用精确的倒装式键合（Flip-Chip Bonding，FCB）技术，并结合模斑转换器（Spot-Size Converter，SSC）和混合集成技术，在硅基光学平台上制备了 InP-SOA，其对准精度小于±1 μm[28]。该混合集成器件结构如图 1.4（c）所示，对于内联放大，SOA 的输入和输出波导都耦合到硅波导上。为了实现高效的光耦合和宽松的对准误差，InP-SOA 和硅波导的模场通过模斑转换器进行匹配。在 25℃和 100 mA 电流下，器件测到了 15.3 dB 的净增益，如图 1.4（d）所示。

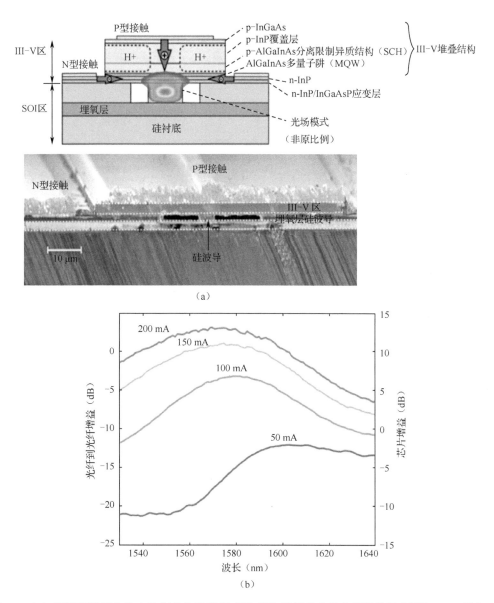

图 1.4 （a）采用直接键合的方法制备的硅基集成Ⅲ-Ⅴ族半导体光放大器结构示意图与 SEM 图像；
　　　（b）在不同电流水平下，放大增益与波长的关系；（c）采用 FCB 技术在硅光学平台上制备的 InP-SOA 结构示意图；（d）测试芯片的透射光谱

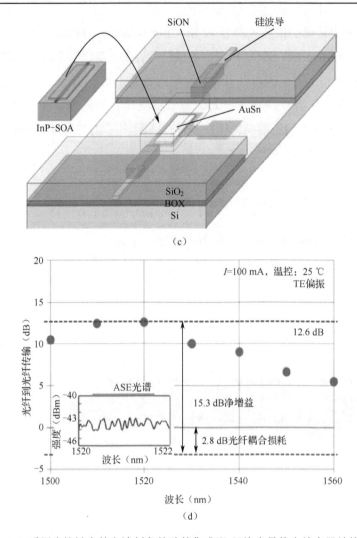

图 1.4（续）　（a）采用直接键合的方法制备的硅基集成III-V族半导体光放大器结构示意图与 SEM
图像；（b）在不同电流水平下，放大增益与波长的关系；（c）采用 FCB 技术在硅光学
平台上制备的 InP-SOA 结构示意图；（d）测试芯片的透射光谱

　　硅基III-V族混合集成激光器在近年来进展也十分迅速。2006 年，Intel 公司和美国
加州大学圣芭芭拉分校的 Bowers 教授课题组联合采用标准微电子工艺，成功研制了世
界上首个硅基III-V族半导体混合集成激光器，这项成果标志着硅基集成光源的技术瓶
颈已被初步突破。2020 年，Bowers 教授课题组继续报道了在 CMOS 兼容的 Si(100)衬
底上生长的第一台 1.3 μm 量子点分布式反馈型（Distributed FeedBack，DFB）激光器，
如图 1.5 所示[29]。该激光器具有高温度稳定性，单纵模工作，边模抑制比大于 50 dB，
阈值电流密度为 440 A/cm^2。在小信号调制下，单通道速率为 128 Gbps，净频谱效率为
1.67 bit · s^{-1}/Hz。

　　同年，英国伦敦大学学院的刘会赟教授课题组也报道了用III-V族量子点在 CMOS

兼容的Si(100)衬底上单片生长的超小型III-V族量子点-光子晶体（Photonic Crystal，PC）薄膜激光器，如图1.6所示[30]。在室温下用连续光泵浦，该激光器具有约 0.6 μW 的超低激光阈值，以及高达 18% 的自发辐射耦合效率。此外，通过阈值的指数拟合，得到了在 100～295 K 温度范围内的高特征温度约为 122 K。

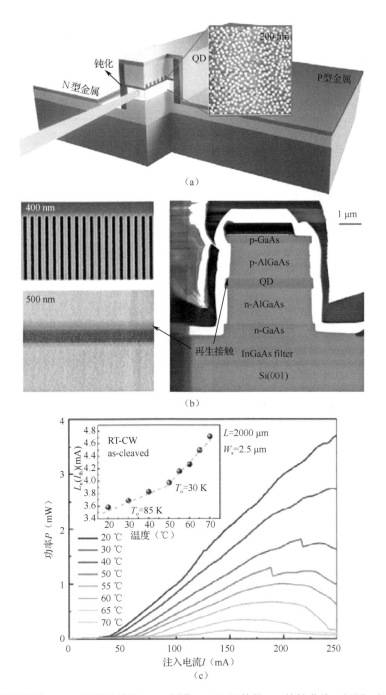

图 1.5　（a）器件结构；（b）器件结构的 SEM 图像；（c）器件的 P-I 特性曲线（插图：阈值电流与工作温度的关系）；（d）腔尺寸为 3 μm×700 μm 的 DFB 激光器的小信号调制响应

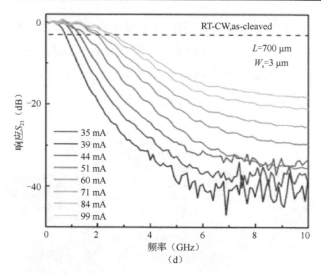

图 1.5（续）　（a）器件结构；（b）器件结构的 SEM 图像；（c）器件的 *P-I* 特性曲线（插图：阈值电流与工作温度的关系）；（d）腔尺寸为 3 μm×700 μm 的 DFB 激光器的小信号调制响应

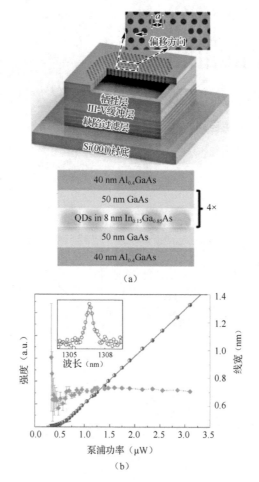

图 1.6　（a）器件结构示意图；（b）收集的 1306 nm 激光峰的强度曲线和线宽；（c）激光阈值的温度依赖性

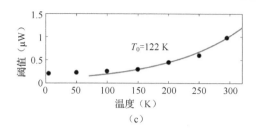

图 1.6（续） （a）器件结构示意图；（b）收集的 1306 nm 激光峰的强度曲线和线宽；（c）激光阈值的温度依赖性

硅基和Ⅲ-Ⅴ族材料的集成增加了半导体光源的灵活性。硅基平台在通信频带中提供了亚 dB/cm 范围内的低传播损耗，同时保持了高集成密度，而Ⅲ-Ⅴ族材料通过改变异质结成分带来直接带隙调谐和高增益值。总的来说，硅基上直接生长Ⅲ-Ⅴ族材料质量差、缺陷密度高、吸收损耗大，但由于其有可与 CMOS 工艺兼容的优点而发展潜力巨大。从短期来看，键合技术是解决硅基Ⅲ-Ⅴ族材料集成的一种有效途径，但工艺复杂、成本较高；长期来看，需要发展潜力更大的直接异质外延技术。然而，硅基上的异质外延生长面临着巨大的技术挑战，Ⅲ-Ⅴ族外延层和硅基之间具有较大的晶格失配和热膨胀系数差异，所产生的位错密度可高达约 10^7 cm^{-2}，严重影响着器件性能。采用斜切硅生长、衬底图形化（以消除Ⅲ-Ⅴ族材料与衬底的极性差异），以及引入缓冲层（如 SiGe、GaAs 等，可以减小界面位错密度），这些技术途径实现高质量外延生长。从最新发展来看，Ⅲ-Ⅴ族量子点激光器的一些特质，如低阈值（功耗），可高温工作，对温度、光反射和缺陷不敏感等，使其在解决硅基集成激光器问题方面展现出极大的优势。

1.2.2 硅基稀土离子掺杂光源

硅基稀土离子掺杂的介质波导放大器与激光器，充分利用稀土元素丰富的能级结构来实现高效的硅基发光，是硅基光电子光源的另一个有效方案。2012 年，特温特大学的 Pollnau 教授及其合作者开发了一种性能堪比半导体放大器的稀土离子掺杂光放大器[31]。该波导放大器具有极高的单位长度增益（935 dB/cm），但存在空间和时间增益模式效应，并需要制备与硅衬底混合集成的晶体主体材料。这些新的稀土离子掺杂放大器除了可作为芯片上放大器用于高速数据传输，还可用于在纳米光子器件中提供光增益，并可在等离子体纳米结构中实现无损传输。

相较于混合集成的硅基半导体光源，硅基稀土离子波导光源可单片集成，具有更好的工艺兼容性。稀土离子具有更长的激发态寿命（0.1～10 ms），因此具有更长的增益恢复时间，在数据传输时，可以保持在非饱和小信号增益模式下工作，进而拥有更高的速率。2007 年，Pollnau 教授课题组在掺铒氧化铝（Al$_2$O$_3$:Er^{3+}）波导放大器中演示了 170 Gbps 的高信号传输速率[32]，证实了掺铒波导在高速应用中的潜在可能性。此外，由于半导体材料的热效应，混合集成III-V族半导体器件在工作中将不可避免地产生额外的热能，带来负面的影响。一种影响是热能的产生会提高器件的局部温度，导致材料增益谱线的中心波长漂移，可能诱发激光模式突变，当偏移量过大时甚至无法形成激光选模。同时，温度的升高也会造成光栅或微环型谐振腔的性能变化，导致激光中心波长偏移以及线宽展宽。另一种影响是，热能的产生也会影响片上其他温度敏感器件的正常工作，这为半导体光源在硅基光电子芯片上的集成带来新的技术难点。相对的，硅基稀土离子掺杂光源相对于半导体材料的热效应显著减弱，基本不会造成温度影响。并且，稀土离子的光激发过程仅涉及离子外层电子跃迁，其对材料造成的折射率变化远小于半导体材料中载流子数目变化造成的折射率变化，因此，硅基稀土离子掺杂光源将具有更窄线宽的激光输出。目前，研究者们已基于分布式反馈型（DFB）谐振腔，成功制备出了线宽窄至 1.7 kHz 的单纵模稀土掺杂激光器[33,34]。总的来说，硅基稀土离子波导光源具有偏振不敏感、噪声低、温度性能优异、高速带宽大的特点，且较III-V族材料与 CMOS 工艺兼容性更好、成本更低，更适用于单片集成。

1.2.3　硅基应变锗光源

锗（Ge）和锡（Sn）材料与硅同处于第四主族，制作工艺均与 CMOS 工艺兼容，受到了广泛关注。锗虽然是一种间接带隙材料，但其位于 $\varGamma$ 点的直接带隙能谷仅比位于 L 点的间接带隙能谷高 136 meV。这种独特的能带结构使锗在经过能带工程后在光学通信波段实现高效发光。一般来说，N 型掺杂、引入拉伸应变或使用锗锡（GeSn）合金是三种使用最广泛的改变锗能带结构的方案，最终都将提高锗材料的发光性能。2010 年，麻省理工学院的 Kimerling 课题组同时采用引入拉应变和 N 型重掺杂的方案，使锗材料拥有了较好的直接带隙发光特性，研制了世界上首个光通信波段室温工作的锗硅激光器[35,36]。器件性能测试结果如图 1.7（a）所示，拉应变的作用使得锗材料直接和间接带隙能谷之间的能量差减小，N 型掺杂则调节了导带的准费米能级，使其更接近直接带隙能谷，电子将更容易注入直接带隙能谷跃迁。以上两种方案的结合有效提高了锗中电子空穴对的辐射复合效率。2015 年，Wirths 等人在硅基上直接生长了锗锡（GeSn）合金，利用IV族直接带隙系统产生激光，同时没有引入机械应变[37]。实验中，随着温度的降低，测试到光致发光的增强，是基本直接带隙半导体的特征。在温度低于 90 K 时，随着入射光功率的增加，观察到激射强度的阈值，再加上线宽变窄和一致稳定的纵模激射光谱，可判断其符合激光辐射特点，测试结果如图 1.7（b）所示。2017 年，Stange 等人基于直接外延生长的 GeSn/SiGeSn 量子阱有源层，制备了硅基锗锡发光二极管[38]，探究了 SiGeSn 势垒材料对异质结构中有效载流子限制的影响，证实了直接带隙的 GeSn/SiGeSn 量子阱结构将导致更高的受限 $\varGamma$ 电子密度，从而实现高效发光。2018 年，他们在应变松弛 GeSn 缓冲层上生长了复杂的 GeSn/SiGeSn 多量子阱异质结构，最终制备了硅基锗锡（GeSn）微盘型激光器，实现了 20 K 低温下的光泵浦激光输出[39]，其激射测试结果如图 1.7（c）所示。该器件展示出约 40±5 kW/cm^2 的低阈值泵浦功率，相比于锗锡体材料降低了约 10 倍。2020 年，Kurdi 等人采用氮化硅提供拉伸应变，实现了 GeSn 微盘型激光器[40]。将含锡量为 5.4 at.%、厚度为 300 nm 的 GeSn 层转化为直接带隙半导体激光器，在 70 K 和 100 K 温度下观察到超低阈值连续波和脉冲激光。波长为 2.5 μm 的激光器，纳秒脉冲光激发的阈值为 0.8 kW/cm^2，连续波光激励下的阈值为 1.1 kW/cm^2，其性能测试结果如图 1.7（d）所示。

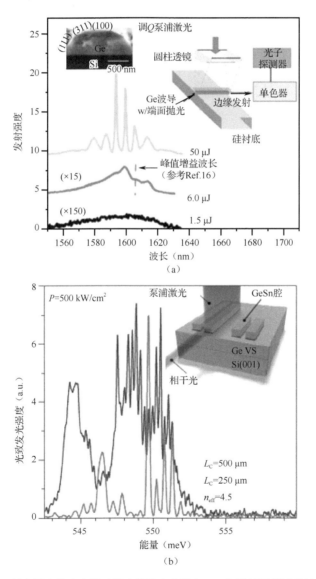

图 1.7 （a）Kimerling 等人提出的应变锗硅激光器的光致发光（PL）谱以及测试系统示意图；（b）Wirths 等人提出的硅基 GeSn 合金激光器结构及其光致发光（PL）谱；（c）Stange 等人提出的硅基 GeSn/SiGeSn 量子阱微盘型激光器结构及其激射谱；（d）Kurdi 等人提出的硅基氮化硅-GeSn 微盘型激光器结构及其激射特性测试

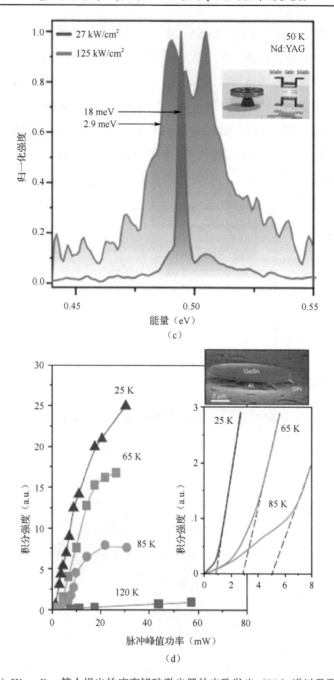

图 1.7（续）　（a）Kimerling 等人提出的应变锗硅激光器的光致发光（PL）谱以及测试系统示意图；（b）Wirths 等人提出的硅基 GeSn 合金激光器结构及其光致发光（PL）谱；（c）Stange 等人提出的硅基 GeSn/SiGeSn 量子阱微盘型激光器结构及其激射谱；（d）Kurdi 等人提出的硅基氮化硅-GeSn 微盘型激光器结构及其激射特性测试

　　综上所述，电泵浦的硅基锗（Ge）激光器和光泵浦的硅基 GeSn 激光器是直接带隙IV族光源研制的里程碑进展，其在相对高温下的工作能力和较大的增益谱，使锗硅光源在波分复用系统以及光密度集成光路中具有很好的应用前景。然而，尽管引入拉伸应变与 GeSn 合金在未来的锗硅激光器发展中将发挥重要的作用，但这两种方法引起的红移是严重的，而合适的 N 型掺杂浓度对于减轻红移效应仍然是必不可少的。因此，上述方法之间的微妙平衡仍然是一个关键问题。此外，锗的高折射率（4.3）对输出光的耦合也是一个很大的挑战。

1.3 硅基掺铒光源

稀土元素具有丰富的能级结构，离子可以作为高效的发光中心根据不同应用需求发射不同波长的光子，是最佳发光材料之一。其中，稀土铒（Er）离子的能级结构可以在 1.5 μm 附近产生宽光谱发光，对应于常用的光通信波段，且光子波长相对稳定，不易受到泵浦功率和基质环境的影响。因此，作为硅基光电子技术中的标准波长光源，硅基掺铒光源是一种很有发展前景的候选方案。目前，光泵浦的掺铒光纤放大器和激光器的发展已趋于成熟，广泛应用于激光通信、光纤传感、微波光子等各方面，在未来的硅基光电子领域中，需要从掺铒光纤波导放大器和激光器应用，逐渐转变到微型化的硅基掺铒波导放大器和激光器的片上应用。

1.3.1 硅基掺铒光源的发展

对于硅光领域应用，硅基掺铒光源有三大集成需求：小尺寸、高增益与低损耗。研究表明，掺铒材料的光增益可由下式进行评估：

$$G(\text{dB}) \propto \sigma N_{\text{Er}} \varGamma L \tag{1.1}$$

其中，G 表示光学增益，σ 表示铒离子吸收截面积，N_{Er} 表示铒离子浓度，$\varGamma$ 表示光场限制因子，L 表示波导放大器长度。可以看到，要在小尺寸（L）波导器件中获得较高的光学增益（G），必须有效提高铒离子浓度（N_{Er}）。然而，铒离子本身在硅基中的固溶度很低，体硅材料中最高的铒离子掺杂浓度最高仅有 10^{16} cm^{-3}，不足以满足集成硅基掺铒光源的性能需求。因此，寻找高铒离子的掺杂浓度的母体材料成为掺铒硅基光源的首要研究内容。从硅基掺铒光源发展来看，铒离子通常以离子掺杂的方式进入母体材料中。根据各种材料中铒离子的光谱特性的显著差异，适合铒掺杂的母体材料可分为晶体与非晶体两类。其中，晶体材料包括 LiNbO$_3$[41]、Y$_2$O$_3$[42,43]、(Gd,Lu)$_2$O$_3$[44]等介质材料，铒掺杂晶体材料的光发射谱线窄、稳定性好，主要应用于窄带掺铒波导放大器和窄线宽激光器中；而非晶母体材料包括各种玻璃[45-47]、Al$_2$O$_3$[48]、聚合物[49]等，铒掺杂非晶体材料能表现出较宽的发射光谱，可以在宽波长范围内提供相对平坦的增益，因此能充分应用于掺铒波导放大器与可调谐激光器中。在所有母体材料中，非晶态氧化铝（Al$_2$O$_3$）在波导放大器的研究中受到较多的关注。该材料与 Er$_2$O$_3$ 晶体结构类似，铒在该材料中的掺杂浓度也相对较高（约为 10^{20} cm^{-3} 量级）[50]。铒掺杂 Al_2O_3 可以沉积在热氧化硅片上，因此与硅波导技术兼容，可以与 SOI 波导高效集成。Al_2O_3 的折射率相对较高（1.65），波导截面小，器件紧凑，波导与 SiO_2 包层的折射率对比度大，具有良好的光学模式限制性。此外，相对于其他材料，铒掺杂 Al_2O_3 的损耗相对较小（最低可到 0.15 dB/cm）[46]。

1.3.2　硅基掺铒氧化铝光源

1993 年，荷兰皇家科学院院士 Polman 教授课题组制备了当时世界上最小的铒掺杂氧化铝光波导放大器[51]，实验上测得的净增益约为 2.3 dB/cm。近年来，由于掺铒有源材料在工艺上难刻蚀，通常与其他易刻蚀材料组成混合波导结构，将其他层的易刻蚀材料刻蚀成波导结构进行导模。其中，低损耗的氮化硅材料是首选材料。2018 年，Mu 等人设计了硅基铒掺杂氧化铝（$Al_2O_3:Er^{3+}$）-氮化硅（Si_3N_4）混合型波导放大器[52]，在 5.9 cm 的波导、1532 nm 的信号波长下获得了约 10 dB 的片内净增益。图 1.8（a）示出了集成放大器的光学图像。红光来自发射与输出端口，绿光是由 Er^{3+} 的能量转移而产生的。图 1.8（b）和图 1.8（c）测量了器件的净增增益随入射泵浦功率和信号功率的变化曲线。2019 年，Rönn 等人报道了具有超高片上光学增益的硅基 $Al_2O_3:Er^{3+}$ 混合狭缝型波导放大器[53]。该器件利用原子层沉积（Atomic Layer Deposition，ALD）技术的独特的逐层特性，使 $Al_2O_3:Er^{3+}$ 增益层与氮化硅狭缝型波导相集成，其结构如图 1.8（d）所示。该器件展示了高达（20.1±7.31）dB/cm 的净模式增益和至少（52.4±13.8）dB/cm 的单位长度的材料增益，测试结果如图 1.8（e）所示。该结果在高效片上放大方面取得了重大进展，为硅上各种有源功能的大规模集成开辟了道路。

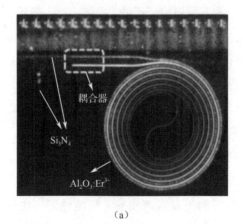

（a）

图 1.8　（a）Mu 等人发射波长分别为 976.2 nm 和 633 nm 的 $Al_2O_3:Er^{3+}$-Si_3N_4 放大器的光学图像；（b）实验中测到的在 976.2 nm 泵浦下的净增益随入射泵浦功率的变化曲线；（c）净增益随入射信号功率的变化关系；（d）Rönn 等人制备的掺铒狭缝型波导 TEM 照片；（e）波导中测试（实点）和模拟（实线）的模式增益随着注入泵浦功率的变化关系

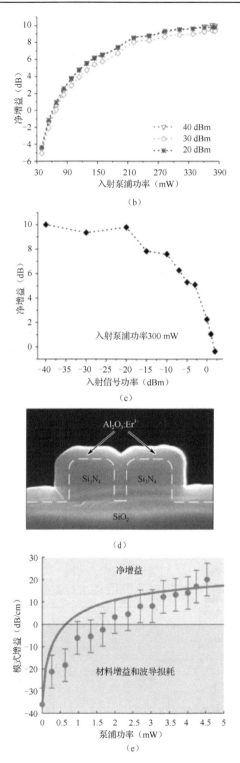

图 1.8（续） （a）Mu 等人发射波长分别为 976.2 nm 和 633 nm 的 $Al_2O_3:Er^{3+}$-Si_3N_4 放大器的光学图像；（b）实验中测到的在 976.2 nm 泵浦下的净增益随入射泵浦功率的变化曲线；（c）净增益随入射信号功率的变化关系；（d）Rönn 等人制备的掺铒狭缝型波导 TEM 照片；（e）波导中测试（实点）和模拟（实线）的模式增益随着注入泵浦功率的变化关系

给光波导放大器设计合适的谐振腔就可以获得较好的激光输出。通常也是利用混合波导结构，将其他层易刻蚀材料刻蚀成波导谐振腔结构，带动掺铒有源材料中的光场形成激光振荡。2013 年，Purnawirman 等人设计构建了一个简单的硅基 Al_2O_3:Er^{3+} 分布式布拉格反射型（Distributed Bragg Reflection，DBR）激光器[54]，器件采用的是 Al_2O_3-SiO_2-SiN_x 混合型 DBR 波导结构，如图 1.9（a）所示。该研究组通过调节 SiN_x 层 DBR 的光栅周期，获得不同波长的最大激光输出：2.5 mW@1536 nm 以及 0.5 mW@1596 nm。DBR 的最佳反射率的设计取决于增益阈值和不同波长下的最大小信号增益。2014 年，Jonathan 等人设计了 Al_2O_3:Er^{3+} 微环型激光器[55]。其结构如图 1.9（b）所示，该微环型激光器采用高光密度的沟槽增益层，减小弯曲半径，并采用双层氮化硅直波导结构更好地控制波导模式特性。但是，由于有源层填充的台阶覆盖性差等工艺问题，激光器的输出仅在微瓦（μW）量级。

2017 年，Magden 等人进一步设计了分立式的 Al_2O_3:Er^{3+}-SiN_x 混合波导，优化了增益层中的光场限制因子，并分别设计了 λ/4 相移（Quarter Phase Shift，QPS）与分布式相移（Distributed Phase Shift，DPS）的 DFB 腔[56]，二者结构如图 1.10（a）所示。其中，采用 QPS-DFB 结构，测得了 0.76 mW 的 1566 nm 激光输出；采用 DPS-DFB 结构，抑制了空间烧孔效应，使得相移在更大范围内连续传播，从而提高了场分布的均匀性，增加了有效增益区域的长度，最终将激光输出增加至 5.43 mW。与此同时，激光输出带宽分别为（30.4±1.1）kHz（QPS-DFB）和（5.3±0.3）kHz（DPS-DFB）。激光器特性如图 1.10（b）和图 1.10（c）所示，线宽压缩为近 $\frac{1}{6}$。

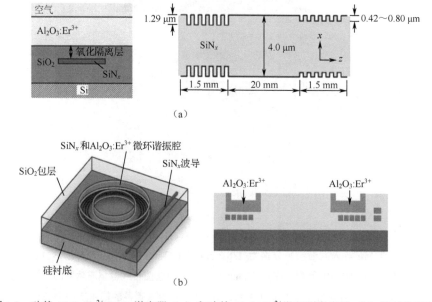

图 1.9 硅基 Al_2O_3:Er^{3+} DBR 激光器（a）和硅基 Al_2O_3:Er^{3+} 微环型激光器（b）的结构示意图

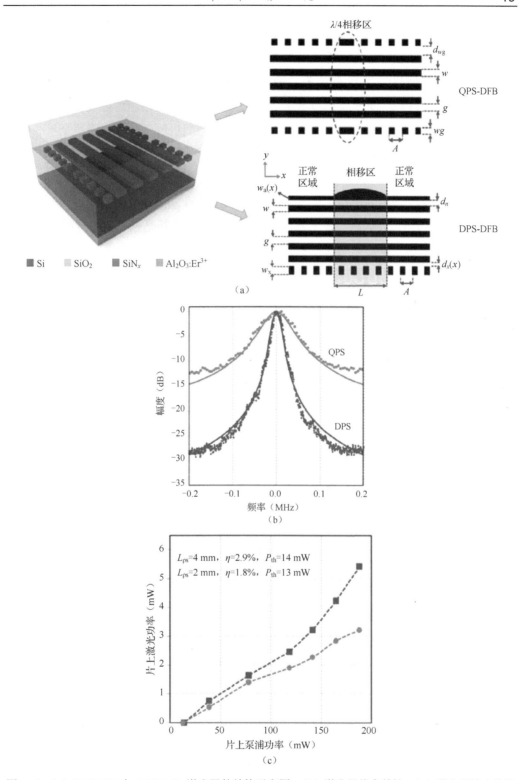

图 1.10　(a) QPS-DFB 与 DPS-DFB 激光器的结构示意图；(b) 激光器线宽特性；(c) 激光器输出特性

　　基于上述氮化硅平台，研究者们已经探索了几种先进的腔设计和应用。图 1.11（a）展示了一种泵浦 DBR-信号 DFB 的混合型谐振腔[57]。通过引入泵浦谐振作用，使激光器的转换效率几乎增加了 1 倍 [图 1.11（b）]。在图 1.11（c）中，通过级联 4 个 DFB 激光器制备了多波长输出的硅基掺铒激光器[58]，且仅采用单个 980 nm 泵浦输入，每个信道的平均侧模抑制比为 38 dB，有希望成为一种简单的波分复用光源。图 1.11（d）中展示了与氮化硅微环滤波器共同集成的 DFB 激光器[59]。在最新的进展中，硅基掺铒激光器已基本实现了单片集成。2019 年，Watts 教授课题组展示了一种使用全集成硅基可调谐激光器的光学频率合成器[60]，其结构如图 1.11（e）所示。其中，采用 Si_3N_4-Al_2O_3:Er^{3+} 可调激光器，通过调节内部锁模激光器的重复频率，可以对合成器进行自校准。在 10 s 平均时间下，实现了 1544～1564 nm 的 20 nm 调谐范围，频率不稳定性约为 10^{-13}。同年，该课题组还展示了首个单片集成的硅基光电子数据链路[61]，将稀土离子掺杂激光器、微盘调制器以及锗光电探测器集成在了同一个芯片上，其芯片构造细节如图 1.11（f）所示。在 SOI 晶圆上，将掺铒 DBR 激光器整体集成作为光源，接着采用反向偏置垂直结微盘调制器对信号进行调制，并设计了一个硅可调谐微环滤波器来提取调制信号，最后用锗光电探测器捕获发射信号。整个芯片在千赫（kHz）量级的频率水平下展示了数据链路的功能。并且，调制和信号传输结果显示，其高速运行的潜力超过 1 Gbps。

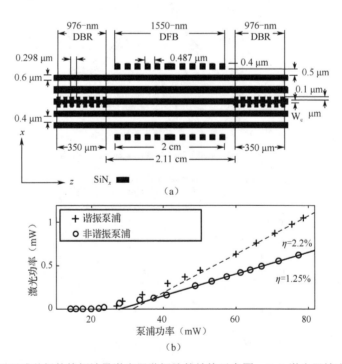

图 1.11 （a）利用泵浦共振的掺铒波导激光器谐振腔的结构示意图；（b）激光器输出特性；（c）级联型多波长输出的硅基掺铒激光器；（d）与氮化硅微环滤波器组集成的 DFB 激光器；（e）光学频率合成器的体系结构以及可调激光器的结构示意图；（f）光子链路示意图，包括集成的掺铒激光器、硅微盘调制器、硅微环可调谐滤波器和锗光电探测器

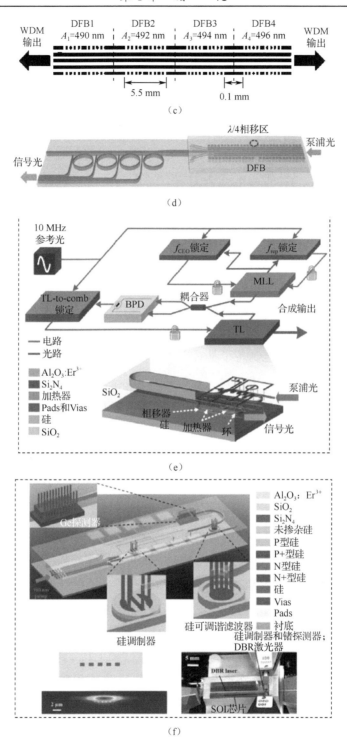

图 1.11（续） （a）利用泵浦共振的掺铒波导激光器谐振腔的结构示意图；（b）激光器输出特性；
（c）级联型多波长输出的硅基掺铒激光器；（d）与氮化硅微环滤波器组集成的 DFB
激光器；（e）光学频率合成器的体系结构以及可调激光器的结构示意图；（f）光子链
路示意图，包括集成的掺铒激光器、硅微盘调制器、硅微环可调谐滤波器和锗光电探
测器

1.3.3 铒硅酸盐光源

尽管掺铒光波导放大器在过去十几年取得了长足进展，但与硅基光电子学集成在更小尺度下获得更高增益的要求相比，仍有不小差距，这是由于在传统的掺杂方式中，铒离子会受到固溶度的限制，在母体材料中，最高的掺杂浓度也在约 10^{20} cm^{-3} 量级，超过固溶度时，铒离子就会凝聚成团失去光学活性，因此，所对应器件的波导尺寸最小也只能在厘米量级。直观上看，为进一步提高器件增益、提高器件集成度，需提高铒离子的浓度。

铒硅酸盐化合物（Er$_2$SiO$_5$ 和 Er$_2$Si$_2$O$_7$）作为硅基光源候选材料，最近十年引起了大家的关注。与传统的掺杂方法相比，该材料体系中铒离子不再以掺杂的方式，而是作为化合物阳离子的方式存在，因此不再受到固溶度的限制，进一步将铒离子浓度提高了 1～2 个量级，最高可达 10^{22} cm^{-3} 量级。这种既有较高铒离子浓度，又能保持足够高的光学效率的化合物材料，是实现高增益单片集成的硅基光源的关键。2004 年，Isshiki 等人用湿化学合成法在硅上制备了具有光学活性和电激发性的单晶 Er-Si-O 合物[62]，实现了高达 14%的铒浓度（10^{22} cm^{-3}）。在室温下观察到较强的 1.53 μm 光致发光，其峰宽为 4 meV，发光寿命为 200 μs。2007 年，Miritello 等人用反应射频磁控溅射法制备出了高质量的 Er$_2$SiO$_5$ 和 Er$_2$Si$_2$O$_7$ 薄膜[63]，测到了很强的 1.53 μm 发光和较高的增益。2009 年，Wang 等人进一步研究了 Si/SiO$_2$ 衬底的影响，在 SiO$_2$ 衬底上制备出了 α 相的 Er$_2$Si$_2$O$_7$ 薄膜[64]，发光强度比硅衬底上的 Er$_2$SiO$_5$ 薄膜提高 10 倍以上，并具有较长的发光寿命。

尽管铒硅酸盐材料具有极高的铒离子浓度，但在研究中逐渐发现，铒硅酸盐材料中铒离子浓度很高，铒离子距离太近，导致较强的可见光上转换，无法获得高的 1.53 μm 光增益。因此，近年来，研究者们通过引入与铒离子半径相似的镱（Yb）或者钇（Y）离子来分散铒离子，这些离子可以在晶格结构中部分取代铒离子，间接稀释了铒离子浓度，进而抑制了相邻铒离子之间的上转换效应。2010 年，Wang 等人采用溶胶凝胶法在硅衬底上制备了一系列不同组分的 Er$_x$Y$_{2-x}$SiO$_5$（x=0,1,2）薄膜[65]。在 654 nm 的泵浦波长下，通过优化钇掺杂浓度，发光较纯 Er$_2$SiO$_5$ 增强了约 30 倍。钇的加入降低了上转换和非辐射跃迁是 Er^{3+} 发光增强的两个主要原因。优化后的 Er^{3+} 浓度为 1.25 at.%（x=0.1），使 Er$_x$Y$_{2-x}$SiO$_5$ 薄膜的增益达到 10 dB 以上，其光谱如图 1.12（a）所示，衰减时间（发光寿命）可提高到约 2 ms。同年，Suh 等人采用离子束溅射法沉积了单相多晶的 Er$_x$Y$_{2-x}$SiO$_5$ 薄膜，观测到铒离子具有接近完全的光学活性，在 1480 nm 泵浦下可实现接近最大值的光学反转，内部增益约为 0.5 dB/cm，其测试结果如图 1.12（b）所示。之后，Miritello 等人进一步制备了 Er$_x$Y$_{2-x}$Si$_2$O$_7$ 薄膜[66]，证明了适当调整薄膜中铒的含量能够实现交叉能量转移过程，铒离子可以同时作为敏化剂和活化剂，可使绿光子和紫外光子发生量子切割，基础效率高达 400%。

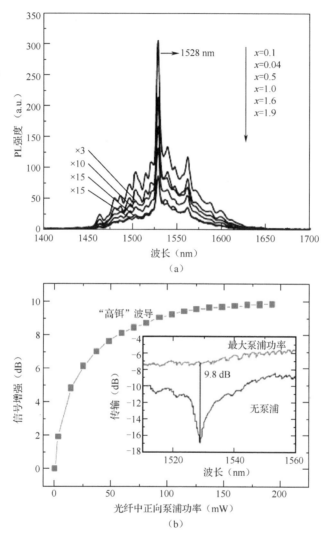

图 1.12 （a）不同组分下 $Er_xY_{2-x}SiO_5$ 薄膜的 PL 谱；（b）$Er_xY_{2-x}SiO_5$ 薄膜波导信号增强测试结果

相较于钇离子，镱离子具有抑制铒离子上转换和敏化铒离子的双重作用。镱离子具有简单的双能级结构，与铒离子 980 nm 吸收能级类似，且吸收截面比铒离子高一个量级，镱离子的掺入还可以对铒离子起到很好的泵浦敏化作用。因此，铒镱硅酸盐是更具有前景的掺铒光源材料。2009 年，北京大学王兴军研究组与麻省理工学院 Kimerling 研究组合作，分别采用溶胶凝胶和磁控溅射方法制备了 $Er_xYb_{2-x}SiO_5$ 薄膜[67,68]，探究了镱对铒的稀释和敏化的双重效应。镱的共掺使铒离子的有效激发截面得到增大，提高了薄膜在 1.53 μm 处的光致发光强度。2011 年，Wang 等人进一步做了组分优化，在 SiO_2/Si 衬底上制备的 $Er_{0.1}Yb_{1.9}SiO_5$ 薄膜[69]，在 980 nm 泵浦下，比纯 Er_2SiO_5 薄膜的光致发光强度提升了 200 倍以上，其光谱测量如图 1.13（a）所示。这种发光增强是由于更高的辐射跃迁速率，所有 Er^{3+} 对 $Er_{0.1}Yb_{1.9}SiO_5$ 薄膜都具有光学活性。此外，衰减时间（发光寿命）延长至 3.5 ms，是纯 Er_2SiO_5 的 100 倍以上，其寿命测试如图 1.13（b）所示。之后，Wang等人在材料成分和结构优化的基础上制备了三种铒镱/钇硅酸盐化合物光波导放大器，分别是条形加载型[70]、沟道型[71]和混合型波导结构[72]，如图 1.13（c）所示，都观察到了光放大，并实现了 1.9 dB 的内增益。同年，Zheng 等人采用磁控溅射方法制备了 $Er_xYb_{2-x}Si_2O_7$ 薄膜[73]，观测到 1.53 μm 处的发光强度比纯 $Er_2Si_2O_7$ 薄膜提高了 15 倍，其光谱测量如图 1.13（d）所示。同时，Miritello 等人也制备出了 α 相的 $Er_xYb_{2-x}Si_2O_7$ 薄膜[74]，探究了铒镱离子间高效的能量耦合作用。2012 年，Cardile 等人制备了一类同时含有镱（Yb）、铒（Er）和钇（Y）的稀土硅酸盐薄膜[75]，并通过对薄膜衰变的时间分辨率测量，分析并拟合了不同离子间的能量传递机制，其寿命测试如图 1.13（e）所示。

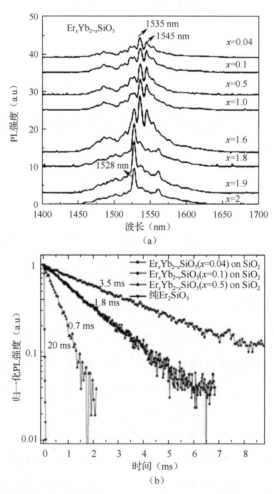

图 1.13　（a）不同组分下 $Er_xYb_{2-x}SiO_5$ 薄膜的 PL 谱；（b）不同组分下 $Er_xYb_{2-x}SiO_5$ 薄膜的寿命测试结果；（c）基于铒镱/钇硅酸盐化合物薄膜的条形加载型、沟道型和混合型波导放大器结构；（d）不同组分下 $Er_xYb_{2-x}Si_2O_7$ 薄膜的 PL 谱；（e）$Er_xYb_{2-x}Si_2O_7$ 薄膜的寿命测试结果

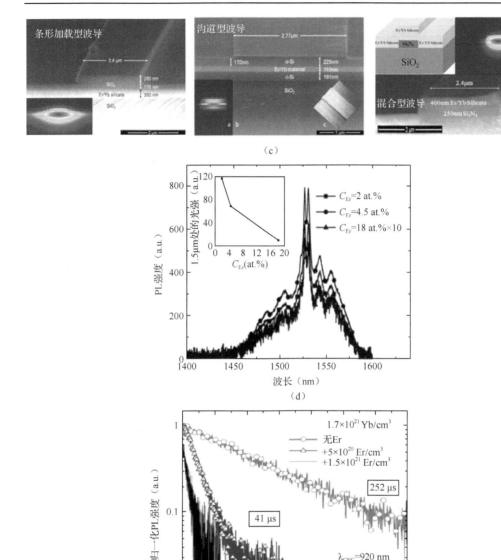

图 1.13（续）　（a）不同组分下 $Er_xYb_{2-x}SiO_5$ 薄膜的 PL 谱；（b）不同组分下 $Er_xYb_{2-x}SiO_5$ 薄膜的寿命
　　　　　　测试结果；（c）基于铒镱/钇硅酸盐化合物薄膜的条形加载型、沟道型和混合型波导
　　　　　　放大器结构；（d）不同组分下 $Er_xYb_{2-x}Si_2O_7$ 薄膜的 PL 谱；（e）$Er_xYb_{2-x}Si_2O_7$ 薄膜的
　　　　　　寿命测试结果

　　为了进一步优化铒（镱/钇）硅酸盐薄膜的损耗及泵浦功率密度问题，研究者们提
出了铒（镱/钇）硅酸盐纳米线结构。2012 年，美国亚利桑那州立大学的 Ning 教授课
题组采用化学气相沉积（Chemical Vapor Deposition，CVD）方法首次制备出了单晶铒
氯硅酸盐化合物纳米线[76,77]，其电镜结构如图 1.14（a）所示。由于材料是单晶，表面

缺陷非常少，这样波导的传输损耗可以大大降低。另外，该纳米线在高铒浓度下仍然表现出较长的荧光寿命，可以达到 540 μs，测试结果如图 1.14（b）所示，这大幅降低了实现粒子数反转和高的光增益的泵浦功率密度需求。2015 年，湖南大学庄秀娟教授课题组使用 CVD 方法制备了具有核-壳结构的硅-铒镱硅酸盐化合物纳米线，实现低损耗高增益的光波导放大器[78]。在 60 μm 纳米线能够达到约 20 dB/mm 的增益，其结构电镜图与增益测试结果如图 1.14（c）所示。2016 年，北京大学王兴军教授课题组采用 CVD 方法制备了高质量的铒钇硅酸盐纳米线[79]，发现了常温下的上转换激光现象，以及低温下的超窄脉宽现象。2017 年，Ning 教授课题组也在硅基衬底上制备出了近乎无缺陷的具有单晶结晶质量的铒氯酸盐纳米线[80]，制备出的纳米线长为 56.2 μm、直径为 1 μm，铒离子浓度为 $1.62×10^{22}$ cm^{-3}。该课题组通过在单根纳米线上进行透射测量，更可靠、更精确地确定了材料的本征吸收系数，最终在 1530 nm 波长附近测得了超过 100 dB/cm 的光学净增益。信号增强测试结果如图 1.14（d）所示。

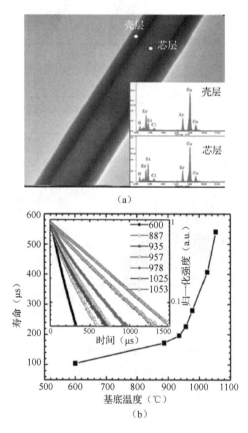

图 1.14　（a）核-壳结构的铒氯硅酸盐化合物纳米线电镜图；（b）铒氯硅酸盐化合物纳米线的荧光寿命测试结果；（c）湖南大学研制的铒镱氯硅酸盐化合物纳米线的增益测试结果；（d）清华大学研制的单晶铒氯酸盐纳米线信号增强测试结果

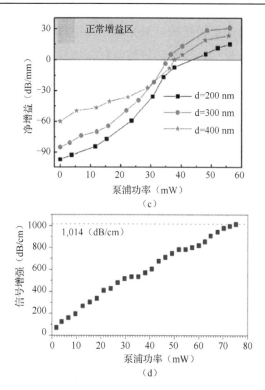

图 1.14（续） （a）核-壳结构的铒氯硅酸盐化合物纳米线电镜图；（b）铒氯硅酸盐化合物纳米线的
荧光寿命测试结果；（c）湖南大学研制的铒镱氯硅酸盐化合物纳米线的增益测试结
果；（d）清华大学研制的单晶铒氯酸盐纳米线信号增强测试结果

综上所述，与传统的铒掺杂材料不同，铒硅酸盐是一种化合物，铒离子处于高度
有序的晶格中，是构成化合物的阳离子，不再是杂质。铒硅酸盐材料中的铒离子浓度
取决于组分，而不受限于固溶度，且没有离子团聚，能保持较好的光学活性，因此，
铒硅酸盐材料比铒掺杂材料具有更高增益的潜力。然而，对这种新型的铒硅酸盐材料
的研究目前仍处在材料探究阶段，硅基铒硅酸盐光源的器件研究仍存在着很多挑战。
首先是铒硅酸盐材料具有极高的铒离子浓度，相邻两个铒离子间会产生很强的上转换
作用，对器件特性产生不利影响。研究表明，用镱或钇等稀土元素共掺杂的铒硅酸盐
材料体系很好地解决了这一问题，虽然降低了铒离子的浓度，但可有效提高铒离子的
1.53 μm 发光强度，适当抑制铒离子之间的相互作用导致的浓度猝灭及能量上转换效
应，从而提高铒离子的发光效率，而且，铒离子的浓度仍然比铒掺杂母体材料的浓度
高约一个量级。其次，铒硅酸盐材料在工艺上难以刻蚀，不能直接制备成波导结构，
且铒硅酸盐材料需要高温退火进行光学激活，退火后铒硅酸盐将呈现多晶态，会使薄
膜材料产生较大的应力，进而会引入较大的波导传输损耗。尽管单根铒硅酸盐纳米线
已报道出了很好的质量与优秀的波导放大特性，但并不能满足当今的硅基光源集成需
求，如果转移到微电子标准工艺制备片上光源，波导的损耗会增加，无法获得和纳米
线一样的高增益。因此，在未来，不仅需要发展与优化铒硅酸盐薄膜波导的微电子制

备工艺，也需要设计合理的器件结构，对光源结构进行优化，如与低损耗氮化硅平台相结合、设计新结构等。最后，针对铒硅酸盐材料体系的激光器研究尚未报道，目前缺少针对铒硅酸盐激光器的高性能谐振腔设计。尽管铒硅酸盐材料是硅基掺铒光源中最具前景的候选方案，但是工艺上制备出高增益、低损耗的高质量铒硅酸盐薄膜是实现高效片上光源的必要条件，同时，与以氮化硅为首的低损耗波导相结合的新器件结构设计也是硅基铒硅酸盐光源的新发展趋势。总之，硅基铒硅酸盐光源的发展仍面临着挑战，具有重大的研究意义。

参 考 文 献

[1] M. Kobrinsky, B. Block, J. F. Zheng, et al. On-chip optical interconnects. *Intel Technol. J.*, 8(2), 129-141 (2004).

[2] 周治平. 硅基光电子学. 北京：北京大学出版社, 2012.

[3] Cisco Visual Networking Index: Forecast and Methodology, 2013-2018.

[4] Rickman. The commercialization of silicon photonics. *Nat. Photonics,* 8, 579- 582 (2014).

[5] R. Soref, B. Bennett. Electro-optical effects in silicon. *IEEE J. Quantum Electron.*, 23(1), 123-129 (1987).

[6] A. Liu, R. Jones, L. Liao, et al. A high-speed silicon optical modulator based on a metal oxide-semiconductor capacitor. *Nature*, 427, 615-618 (2004).

[7] B. R. Koch, A. W. Fang, H. H. Chang, et al. A 40 GHz mode locked silicon evanescent laser. 4th International Conference on Group IV Photonics. Tokyo, 2007. 1-3.

[8] L. Liao, A. Liu, D. Rubin, et al. 40 Gbit/s silicon optical modulator for high-speed applications. *Electron. Lett.*, 43, 1196-1197 (2007).

[9] A. Narasimha, B. Analui, Y. Liang, et al. A fully integrated 4×10 Gb/s DWDM optoelectronic transceiver in a standard 0.13 μm CMOS SOI process. *IEEE J. Solid-St. Circ.*, 42, 2736-2744 (2007).

[10] 吴冰冰，等. 硅光子技术及产业发展研究. 世界电信，2017 年第 2 期：36-41.

[11] A. H. Atabaki, S. Moazeni, F. Pavanello, H. Gevorgyan, et al. Integrating photonics with silicon nanoelectronics for the next generation of systems on a chip.

Nature, 556, 349-354 (2018).

[12] D. Thomson, A. Zilkie, J. E. Bowers, et al. Roadmap on silicon photonics. *J. Opt.*, 18(7), 073003 (2016).

[13] C. Gunn. CMOS Photonics for High-Speed Interconnects. *IEEE Micro,* 26(2), 58-66 (2006).

[14] D. Dai, J. Bauters, J. E. Bowers. Passive technologies for future large-scale photonic integrated circuits on silicon: polarization handling, light non-reciprocity and loss reduction. *Light Sci. Appl.*, (2012).

[15] D. J. Thomson, F. Y. Gardes, J. Fedeli, et al. 50-Gb/s silicon optical modulator. *IEEE Photonic Tech. Lett.*, 24, 234-236 (2012).

[16] L. Vivien, A. Polzer, D. Marris-Morini, et al. Zero-bias 40Gbit/s germanium waveguide photodetector on silicon. *Opt. Express,* 20, 1096-1101 (2012).

[17] Y. Urino, T. Usuki, J. Fujikata, M. Ishizaka, et al. High-density optical interconnects by using silicon photonics, in: Srivastava AK, editor. SPIE OPTO. International Society for Optics and Photonics, 2014. p901006.

[18] 陈子萍，舒浩文，王兴军. 硅基集成光波导放大器的最新研究进展. 中国科学（物理学 力学 天文学），47(12), 1-19 (2017).

[19] G. T. Reed, G. Mashanovich, F. Y. Gardes, et al. Silicon optical modulators. *Nature Photon*, 4, 518-526 (2010).

[20] M. B. He, M. Y. Xu, Y. X. Ren, et al. High-performance hybrid silicon and lithium niobate Mach-Zehnder modulators for 100 Gbits^{-1} and beyond. *Nature Photon.*, 13, 359-364(2019).

[21] L. Vivien, A. Polzer, D. Marris-Morini, et al. Zero-bias 40Gbit/s germanium waveguide photodetector on silicon. *Opt. Express,* 20(2), 1096-1101 (2012).

[22] H. Nishi, T. Tsuchizawa, T. Watanabe, et al. Monolithic Integration of a Silica-Based Arrayed Waveguide Grating Filter and Silicon Variable Optical Attenuators Based on p-i-n Carrier-Injection Structure. 36th European Conference and Exhibition on. *Optical Communication* (ECOC), 2010.

[23] G. L. Li, J. Yao, H. Thacker, et al. Ultralow-loss, high-density SOI optical

waveguide routing for macrochip interconnects. *Opt. Express,* 20(11), 12035-12039 (2012).

[24] M. J. R. Heck, J. E. Bowers. Energy efficient and energy proportional optical interconnects for multi-core processors: driving the need for on-chip sources. *IEEE J. Sel. Topics Quantum Electron.,* 20, 8201012 (2014).

[25] Z. P. Zhou, B. Yin, J. Michel. On-chip light sources for silicon photonics. *Light Sci. Appl.,* 4 (2015).

[26] A. Y. Liu, R. W. Herrick, O. Ueda, et al. Reliability of InAs/GaAs quantum dot lasers epitaxially grown on silicon. *IEEE J. Sel. Topics Quantum Electron.,* 21, 1900708 (2015).

[27] H. Park, A. W. Fang, O. Cohen, et al. A hybrid AlGaInAs-silicon evanescent amplifier. *IEEE Photon. Technol. Lett.,* 19, 230-232 (2007).

[28] T. Matsumoto, K. Tanizawa, K. Ikeda. Hybrid-Integration of SOA on Silicon Photonics Platform Based on Flip-Chip Bonding. *J. Lightwave Tech.,* 37, 307-313 (2019).

[29] Y. Wan, J. Norman, Y. Tong, et al. 1.3 μm Quantum Dot-Distributed Feedback Lasers Directly Grown on (001) Si. *Laser Photon. Rev.,* 2000037 (2020).

[30] T. J. Zhou, M. C. Tang, G. H. Xiang, et al. Continuous-wave quantum dot photonic crystal lasers grown on on-axis Si (001). *Nature Commun.,* 11, 977 (2020).

[31] D. Geskus, S. Aravazhi, S. M. García-Blanco, et al. Giant optical gain in a rare-earth-ion-doped microstructure. *Adv. Mater.,* 24(10), OP19-22 (2012).

[32] J. D. B. Bradley, M. C. E. Silva, M. Gay, et al. 170 GBit/s transmission in an erbium-doped waveguide amplifier on silicon. *Opt. Express,* 17 (24), 22201-22208 (2009).

[33] S. Blaize, L. Bastard, C. Cassagnètes, J. E. Broqui. Multi-wavelengths DFB waveguide laser arrays in Yb-Er codoped phosphate glass substrate. *IEEE Photon. Technol. Lett.,* 15 (4), 516-518 (2003).

[34] E. H. Bernhardi, H. A. G. M. van Wolferen, L. Agazzi, et al. Ultra-narrow-linewidth, single-frequency distributed feedback waveguide laser in $Al_2O_3:Er^{3+}$ on

silicon. *Opt. Lett.* 35 (14), 2394-2396 (2010).

[35] J. F. Liu, X. C. Sun, L. C. Kimerling, et al. Direct gap optical gain of. Ge-on-Si at room temperature. *Opt. Lett.*, 2009, 34: 1738 (2009).

[36] J. F. Liu, X. C. Sun, R. Camacho-Aguilera, et al. Ge-on-Si laser operating at room temperature. *Opt. Lett.*, 35(5): 67 (2010).

[37] S. Wirths , R. Geiger, N. von den Driesch, et al. Lasing in direct-bandgap GeSn alloy grown on Si. *Nature Photon.*, 9: 88-92 (2015).

[38] D. Stange, N. von den Driesch, D. Rainko, et al. Short-wave infrared LEDs from GeSn/SiGe Sn multiple quantum wells. *Optica*, 4(2): 185-188 (2017).

[39] D. Stange, N. von den Driesch, T. Zabel, et al. GeSn/SiGeSn heterostructure and multi quantum well lasers. *ACS Photonics,* 5(11): 4628-4636 (2018).

[40] Elbaz, D. Buca, N. von den Driesch, et al. Ultra-low-threshold continuous-wave and pulsed lasing in tensile-strained GeSn alloys. *Nature Photon.*, 14: 375-382 (2020).

[41] M. Dinand, W. Sohler. Theoretical modeling of optical amplification in Er-doped Ti:LiNbO$_3$ waveguides. *IEEE J. Quantum Electron.*, 30, 1267-1276 (1994).

[42] T. T. Van, J. P. Chang. Controlled erbium incorporation and photoluminescence of Er-doped Y$_2$O$_3$. *Appl. Phys. Lett.*, 87: 011907 (2005).

[43] M. J. Lo Faro, A. A. Leonardi, F. Priolo, et al. Erbium emission in Er:Y$_2$O$_3$ decorated fractal arrays of silicon nanowires. *Sci. Rep.*, 10: 12854 (2020).

[44] A. Kahn, H. Kühn, S. Heinrich, et al. Amplification in epitaxially grown Er:(Gd,Lu)$_2$O$_3$ waveguides for active integrated optical devices. *J. Opt. Soc. Am. B*, 25: 1850-1853 (2008).

[45] C. Santos, I. Guedes, J. P. Siqueira. Third-order nonlinearity of Er^{3+}-doped lead phosphate glass. *Appl. Phys. B*, 99: 559-563 (2010).

[46] W. J. Miniscalco. Erbium-doped glasses for fiber amplifiers at 1500 nm. *J. Lightwave Technol.* 9(2): 234-250 (1991).

[47] W. A. Pisarski, J. Pisarska, M. Kuwik, et al. Fluoroindate glasses co-doped with Pr^{3+}/Er^{3+} for near-infrared luminescence applications. *Sci. Rep.*, 10: 21105 (2020).

[48] G. N. van den Hoven, A. Polman, C. van Dam, J. W. M. van Uffelen and M. K. Smit. Direct imaging of optical interference in erbium-doped Al_2O_3 waveguides. *Opt. Lett.*, 21, 576-578 (1996).

[49] M. Zhang, W. Zhang, F. Wang, et al. High-gain polymer optical waveguide amplifiers based on core-shell $NaYF_4/NaLuF_4:Yb^{3+}$, Er^{3+} NPs-PMMA covalent-linking nanocomposites. *Sci. Rep.*, 6: 36729 (2016).

[50] K. Wörhoff, J. D. B. Bradley, F. A. D. Geskus, et al. Reliable low-cost fabrication of low-loss $Al_2O_3:Er^{3+}$ waveguides with 5.4-dB optical gain. *IEEE J. Quantum Electron.*, 45(5): 454-461 (2009).

[51] G. N. van den Hoven, E. Snoeks, A. Polman. Photoluminescence characterization of Er-implanted Al_2O_3 films. *Appl. Phys. Lett.*, 62, 3065-3067 (1993).

[52] J. Mu, M. Dijkstra, S. M. García-Blanco. Monolithic integration of Al_2O_3: Er^{3+} amplifiers in Si_3N_4 technology. The European Conference on Lasers and Electro-Optics. Optical Society of America, 2019: ca_p_38.

[53] J. Rönn, W. W. Zhang, A. Autere, et al. Ultra-high on-chip optical gain in erbium-based hybrid slot waveguides. *Nature Commun.*, 10: 432 (2019).

[54] Purnawirman, J. Sun, T. N. Adam, et al. C- and L-band erbium-doped waveguide lasers with wafer-scale silicon nitride cavities. *Opt. Lett.*, 38(11), 1760-1762 (2013).

[55] J. D. B. Bradley, E. S. Hosseini, Purnawirman, et al. Monolithic erbium- and ytterbium-doped microring lasers on silicon chips. *Opt. Express*, 22(10), 12226-12237 (2014).

[56] Purnawirman, N. Li, E. S. Magden, et al. Ultra-narrow-linewidth $Al_2O_3:Er^{3+}$ lasers with a wavelength-insensitive waveguide design on a wafer-scale silicon nitride platform. *Opt. Express*, 25(12): 13705-13713 (2017).

[57] G. Singh, Purnawirman, J. D. B. Bradley, et al. Resonantpumped erbium-doped waveguide lasers using distributed Bragg reflector cavities. *Opt. Lett.*, 41(6), 1189-1192 (2016).

[58] N. X. Purnawirman, N. Li, E. S. Magden, et al. Wavelength division multiplexed light source monolithically integrated on a silicon photonics platform. *Opt. Lett.*,

42(9), 1772-1775 (2017).

[59] N. Li, Z. Su, E. S. Purnawirman, et al. Athermal synchronization of laser source with WDM filter in a silicon photonics platform. *Appl. Phys. Lett.*, 110(21), 211105 (2017).

[60] M. Xin, N. Li, N. Singh, et al. Optical frequency synthesizer with an integrated erbium tunable laser. *Light Sci. Appl.*, 8, 122 (2019).

[61] N. X. Li, M. Xin, Z. Su, et al. A silicon photonic data link with a monolithic erbium-doped laser. *Sci. Rep.*, 10: 1114 (2020).

[62] H. Isshiki, M. J. A. de Dood, A. Polman, et al. Self-assembled infrared-luminescent Er-Si-O crystallites on silicon. *Appl. Phys. Lett.*, 85(19): 4343-4345 (2004).

[63] M. Miritello, R. L. Savio, F. Iacona, et al. Efficient luminescence and energy transfer in erbium silicate thin films. *Adv. Mater.*, 19: 1582-1588 (2007).

[64] X. J. Wang, T. Nakajima, H. Isshiki, et al. Fabrication and characterization of Er silicates on SiO_2 /Si substrates. *Appl. Phys. Lett.*, 95(4): 041906 (2009).

[65] X. J. Wang, G. Yuan, H. Isshiki, et al. Photoluminescence enhancement and high gain amplification of $Er_xY_{2-x}SiO_5$ waveguide. *J. Appl. Phys.*, 108(1): 013506 (2010).

[66] M. Miritello, R. Lo Savio, P. Cardile, et al. Enhanced down conversion of photons emitted by photoexcited $Er_xY_{2-x}Si_2O_7$. *Phys. Rev. B*, 81(4): 041411 (2010).

[67] M. Vanhoutte, B. Wang, J. Michel, et al. Processing and properties of ytterbium-erbium silicate thin film gain media. Proceedings of IEEE International Conference on Group IV Photonics, 2009, 63-65, San Francisco, USA.

[68] M. Vanhoutte, B. Wang, Z. Zhou, et al. Direct demonstration of sensitization at 980nm optical excitation in erbium-ytterbium silicate. International Conference on Group IV Photonics, 2010, 308-310, Beijing, China.

[69] X. J. Wang, B. Wang, L. Wang, et al. Extraordinary infrared photoluminescence efficiency of $Er_{0.1}Yb_{1.9}SiO_5$ films on SiO_2/Si substrates. *Appl. Phys. Lett.*, 98(7), 071903 (2011).

[70] R. M. Guo, X. J. Wang, K. Zang, et al. Optical amplification in Er/Yb silicate strip loaded waveguide. *Appl. Phys. Lett.*, 99: 161115 (2011).

[71] R. M. Guo, B. Wang, X. J. Wang, et al. Optical amplification in Er/Yb silicate slot waveguide. *Opt. Lett.*, 37: 1427 (2012).

[72] L. Wang L, R. M. Guo, B. Wang, et al. Hybrid silicate waveguides for amplifier application. *IEEE Photon. Tech. Lett.*, 24: 900 (2012).

[73] J. Zheng, Y. L. Tao, W. Wang, et al. Highly efficient 1.53μm luminescence in $Er_xYb_{2-x}Si_2O_7$ thin films grown on Si substrate. *Mat. Lett.*, 65, 860-862 (2011).

[74] M. Miritello, P. Cardile, R. L. Savio, et al. Energy transfer and enhanced 1.54μm emission in erbium-ytterbium disilicate thin films. *Opt. Express*, 19(21): 20761-20772 (2011).

[75] P. Cardile, M. Miritello, F. Priolo. Energy transfer mechanisms in Er-Yb-Y disilicate thin films. *Appl. Phys. Lett.*, 100(25): 251913 (2012).

[76] Pan, L. J. Yin, Z. C. Liu, et al. Single-crystal erbium chloride silicate nanowires as a Si-compatible light emission material in communication wavelength. *Opt. Mater. Express*, 1(7): 1202-1209 (2011).

[77] L. J. Yin, H. Ning, S. Turkdogan, et al. Long lifetime, high density single-crystal erbium compound nanowires as a high optical gain material. *Appl. Phys. Lett.*, 100(24): 241905 (2012).

[78] X. X. Wang, Z. J. Zhuang, S. Yang, et al. High Gain Submicrometer Optical Amplifier at Near-Infrared Communication Band. *Phys. Rev. Lett.*, 115(2): 027403 (2015).

[79] R. Ye, C. Xu, X. J. Wang, et al. Room-temperature near-infrared up-conversion lasing in single-crystal Er-Y chloride silicate nanowires. *Sci. Rep.*, 6: 34407 (2016).

[80] H. Sun, L. J. Yin, Z. C. Liu, et al. Giant optical gain in a single-crystal erbium chloride silicate nanowire. *Nature Photon.*, 11(9) (2017).

第2章 掺铒材料体系的光发射理论与建模

2.1 铒离子光发射原理

2.1.1 铒离子的基本性质

铒离子的发光特性主要和它的原子结构密切相关。自由铒原子的电子结构与其他稀土元素类似，为$[Xe]4f^{12}5s^25p^26s^2$。其 5s5p 是满壳层的，最外层有两个自由电子，其发光特性主要是由内层的 4f 电子层决定的。当铒原子形成硅酸盐化合物结构时，失去其最外层 6s 的两个电子和内层 4f 的一个电子，变成 3 价的铒离子并作为化合物阳离子，具有电子结构$[Xe]4f^{11}5s^25p^2$。其中，5s 和 5p 轨道中的电子处在稳定状态，它们较好地对 4f 内层的电子进行屏蔽保护。这种局域的电子环境有效避免了 4f 层的电子跃迁受到来自外场的微扰，因此，铒离子能级所发射和吸收的光子波长几乎不受基质环境的影响。尽管如此，基质环境仍会影响不同电子能态间的辐射/非辐射跃迁概率。铒离子各能级间电子跃迁的本质源于偶极子的相互作用，其 4f 层内的各种电子状态均是宇称相同的，在宇称选择定则的约束下，铒离子 4f-4f 电子能级间的跃迁概率本身通常很小（属于禁戒跃迁）。当铒离子处在硅酸盐晶格场中时，激活离子周围的晶体场缺乏反对称性，4f 组态内的电子不再受宇称选择定则的约束，禁戒得以消除，此时铒离子 4f 电子能级间将发生电偶极子跃迁，晶体场的振子强度决定了电偶极子跃迁概率。虽然电子能级间的跃迁过程还涉及磁偶极子和电偶极子的相互作用，但整体而言，它们对辐射跃迁的贡献可以忽略。因此，掺铒材料在制备过程中通常需要退火处理，使其结晶以形成稳定的晶格场，即对铒离子进行光学激活，以提高辐射跃迁概率。最终，铒离子在硅酸盐材料体系中的 4f-4f 跃迁发出的波长，能稳定地落在光通信所用的 1.53 μm 波长附近，对应于硅基波导的低损耗窗口。

如上文所述，铒离子复杂的能级结构取决于 4f 组态内不同的电子状态分布，4f-4f 能级间的各种辐射跃迁过程使得掺铒材料具有丰富的光谱信息，也决定了该材料体系最终的发光特性。铒离子的 4f 组态能级示意如图 2.1 所示。依据洪特规则，4f 电子对应的基态为^4I。由于受到 5s5p 外层的保护，电子层内部受到晶格环境的微扰作用很弱，电子自旋与其所处轨道的相互作用起主导作用。这种自旋−轨道耦合使得铒离子 4f 组态能级产生了更精细的结构，^4I 进一步分裂成了 4 个状态，即 $^4I_{9/2}$、$^4I_{11/2}$、$^4I_{13/2}$ 以及 $^4I_{15/2}$，其角动量越大，能级能量越低（能量依次递减）。此外，铒离子所处微观电场环境导致

Stark 效应，产生能级分裂。同时，热效应引起的均匀展宽效应也会引起铒能级的展宽。最终，激发态上的铒离子将产生一系列的光辐射，可以观测到近 200 nm 宽的铒 1.53 μm 发射光谱。

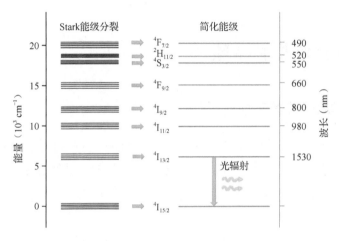

图 2.1 铒离子的 4f 组态能级示意图

2.1.2 铒离子的光辐射理论

铒离子光辐射过程包括受激吸收、自发辐射以及受激辐射，如图 2.2 所示。其中 E_1 对应于基态（$^4I_{15/2}$）能量，E_2 对应于第一激发态（$^4I_{13/2}$）能量，E_3 对应于第二激发态（$^4I_{11/2}$）能量。在正常状态下，电子处于基态 E_1，首先需要对铒离子进行泵浦激发。在外界泵浦光的激发下，依据不同泵浦波长，基态铒离子吸收不同能量的泵浦光子而跃迁到更高激发态 E_2 [$h\nu$（1480 nm）=E_2-E_1]或激发态 E_3 [$h\nu$（980 nm）=E_3-E_1]上，这些跃迁过程均称为受激吸收。其中，980 nm 泵浦涉及三个能级，首先将处于基态（$^4I_{15/2}$）的铒离子泵浦到第二激发态（$^4I_{11/2}$）。由于铒离子在第二激发态（$^4I_{11/2}$）上寿命很短，处于激发态的铒离子又迅速地非辐射衰减到寿命更长的亚稳态（$^4I_{13/2}$）上，从而形成第一激发态的粒子数反转。此方式下的泵浦效率相对较高，但是铒离子本身对 980 nm 波长的光吸收截面非常小（约为 10^{-25} m^2），实际的泵浦效率并不高，为此会在硅酸盐材料体系中引入与铒具有相似离子半径的镱离子，在不破坏晶格结构的情况下，镱离子具有更高的 980 nm 吸收截面（约为 10^{-24} m^2），比铒离子高约一个量级，能对铒离子起到良好的泵浦敏化作用：镱离子会高效地吸收泵浦能量并转移给基态（$^4I_{15/2}$）的铒离子，使其跃迁到第二激发态（$^4I_{11/2}$），之后同样快速衰减到第一激发态（$^4I_{13/2}$），形成粒子数反转。相较之下，1480 nm 泵浦物理机制更为简单，由于铒离子本身在 1480 nm 波长处的吸收截面大于发射截面，因此，处于基态（$^4I_{15/2}$）的铒离子将被直接泵浦到第一激发态（$^4I_{13/2}$），形成粒子数反转。

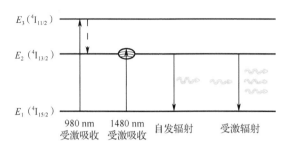

图 2.2　铒离子的吸收与辐射跃迁原理图

由于激发态是不稳定的，激发态铒离子中的电子并不能长时间处在激发态能级上，而会时常自发地跃迁到更稳定的较低能级上，并辐射出对应能量的光子。这种铒离子在不受外界影响下自发地从激发态回到基态的辐射跃迁过程称为自发辐射。自发辐射过程中发射的光子具有任意的传播方向和相位，属于非相干光子。另一方面，处在第一激发态（$^4I_{13/2}$）的铒离子也会受到外界能量为 $h\nu=E_2-E_1$ 的入射光子激发，跃迁到基态能级（$^4I_{15/2}$）上，并辐射出与入射光子特性相同的光子。这种铒离子在外界光子诱导下从激发态回到基态的辐射跃迁过程称为受激辐射。受激辐射过程中发射的光子具有与入射光子完全相同的能量、相位、传播方向和偏振状态，属于相干光子，掺铒材料体系的光放大作用正是源于受激辐射过程。此外，自发辐射所发出的光子同样也会被自身受激放大，这个过程称为放大自发辐射（Amplified Spontaneous Emission，ASE），这个过程会在宽范围内释放非相干光子信号波长周围的频谱，给放大信号增加噪声。

设处于基态和激发态的铒离子数目分别为 N_1 和 N_2。受激吸收方程可描述为

$$\frac{\partial (N_2 - N_1)_{\mathrm{abs}}}{\partial t} = R_{12} N_1 \tag{2.1}$$

其中，R_{12} 为受激吸收概率。受激辐射方程可描述为

$$\frac{\partial (N_2 - N_1)_{\mathrm{exc}}}{\partial t} = R_{21} N_2 \tag{2.2}$$

其中，R_{21} 为受激辐射概率。依据能量最低原理，电子总是优先占据较低的能级。没有泵浦作用时，掺铒材料中的铒离子数目 $N_1 > N_2$，受激吸收过程起主导，此时该材料仅吸收入射信号，造成光强的衰减而无法起到放大作用。在外界泵浦功率的作用下，掺铒材料中的铒离子数目 $N_2 > N_1$，形成粒子数反转，受激辐射过程起主导，该材料将会放大入射信号，其增益效果取决于铒离子粒子数反转程度。因此，外界泵浦功率直接影响着掺铒材料的放大效果。

2.2 掺铒材料体系中的非辐射能量转移

掺铒材料中，随着铒离子浓度的增高，相邻铒离子之间的间距逐渐缩短，铒离子间电偶极子相互作用的概率不断提高，此时产生一些非辐射性的能量转移过程，这些过程统称为能量上转换过程。依据不同能级铒离子的能量转移，可将上转换过程分为激发态吸收、合作上转换、交叉弛豫等。这些过程使得材料体系中的光活性铒离子数目降低（浓度猝灭），对后续波导器件的性能产生负面影响。

2.2.1 激发态吸收

激发态吸收（Excited State Absorption，ESA）是处于激发态的铒离子和泵浦光光子相互作用的过程。如图 2.3 所示，在泵浦光的作用下或者通过上转换过程跃迁到第二激发态（$^4I_{11/2}$）的铒离子，可以再次吸收泵浦光光子，跃迁到能量更高的激发态能级 $^4F_{7/2}$，形成该能级的粒子数分布。铒离子在高能级（$^4F_{7/2}$）的寿命很短（约为 1 μs），非常不稳定，往往会通过自发辐射光子的形式跃迁回到基态，发出上转换蓝光（490 nm），或逐渐非辐射衰减回到 $^4I_{13/2}$ 能级。其中，从 $^2H_{11/2}$ 和 $^4S_{3/2}$（约 25 μs）能级到基态的自发辐射跃迁会发出上转换绿光（520 nm 和 550 nm），从 $^4F_{9/2}$（约 5 μs）能级到基态的自发辐射跃迁发出上转换红光（660 nm）。该过程只有一个铒离子参与，与处于激发态的铒离子数目以及泵浦光强度有关。ESA 是消耗 $^4I_{13/2}$ 态粒子数的过程，也会造成泵浦功率的浪费，进而对掺铒材料发光产生不利的影响。

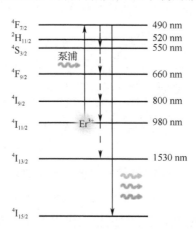

图 2.3　铒离子的激发态吸收（ESA）原理图

2.2.2 合作上转换

合作上转换（Cooperative Up-Conversion，CUC）是处于同一激发态的两个铒离子间相互作用的过程。如图 2.4 所示，合作上转换涉及两个不同的激发态能级。对于第一激发态（$^4I_{13/2}$），两个处于该态的铒离子会相互作用而发生能量转移，其中一个铒离子，通过非辐射跃迁的方式回到基态 $^4I_{15/2}$，并将能量传递给另一个铒离子，激发到更高的能级 $^4I_{9/2}$ 态。铒离子在 $^4I_{9/2}$ 能级的能级寿命非常短（约 1 μs），会通过非辐射跃迁的方式快速衰减到低能量能级 $^4I_{11/2}$ 甚至 $^4I_{13/2}$ 态，或自发辐射回到基态 $^4I_{15/2}$，发出 800 nm 和 980 nm 的红外光。上述过程称为一阶合作上转换（一阶 CUC）过程。和一阶合作上转换过程类似，处于第二激发态（$^4I_{11/2}$）的两个铒离子也会相互作用而发生能量转移，其中一个铒离子通过非辐射跃迁的形式回到基态 $^4I_{15/2}$，并将能量传递给另一个铒离子，将其激发到更高的能级 $^4F_{7/2}$ 态。处于 $^4F_{7/2}$ 态的铒离子可以通过非辐射跃迁的方式逐渐衰减到 $^4I_{13/2}$ 态，也可以通过自发辐射跃迁途径回到基态，发出可见光（绿光、蓝光或红光）。上述过程称为二阶合作上转换（二阶 CUC）过程。

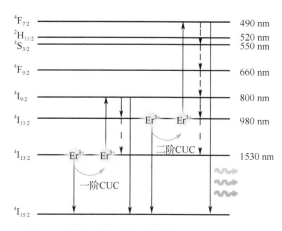

图 2.4　铒离子的合作上转换（CUC）原理图

综上所述，二阶合作上转换以及激发态吸收过程会使铒离子产生一系列可见波长范围内的发光光谱。其中，550 nm 波长的发射强度比 520 nm 的强度更强，且 550 nm 和 660 nm 的发射相对强度与具体的上转换速率有关。而由于 $^4F_{7/2}$ 能级寿命相对最短，490 nm 通常是最弱的。

2.2.3　交叉弛豫

交叉弛豫（Cross Relaxation，CR）是处于不同激发态的两个铒离子之间相互作用的过程。如图 2.5 所示，在能量匹配的情况下，处在激发态的铒离子与基态铒离子之间相互作用而发生能量转移，主要包括：激发态（$^2H_{11/2}/^4S_{3/2}$）的铒离子通过非辐射跃迁回到低能态（$^4I_{9/2}$），并将能量传递给另外一个基态（$^4I_{15/2}$）铒离子，跃迁到更高激发态能级（$^4I_{13/2}$）；激发态（$^4I_{9/2}$）的铒离子通过非辐射跃迁回到低能态（$^4I_{13/2}$），并将能量传递给另外一个基态（$^4I_{15/2}$）铒离子，跃迁到更高激发态能级（$^4I_{13/2}$）。相对其他上转换过程（CUC、ESA 等），交叉弛豫（CR）是一个相对较弱的过程。

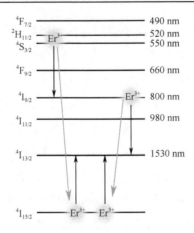

图 2.5　铒离子的交叉弛豫（CR）原理图

2.2.4　多声子弛豫

铒离子两个相邻激发态能级间的非辐射衰减过程就是声子弛豫的过程。该过程源于铒离子与母体晶体场的能量传递，铒离子非辐射跃迁产生的能量将以声子的形式传递给周边波动的晶体场（晶格振动），其强度主要与掺铒材料晶体结构中键的结合力有关。另外，当母体晶格中的最大声子能量小于铒离子相邻激发态能级间的能量差时，能级间的非辐射跃迁将伴随着多个声子的能量传递，即多声子弛豫过程[1,2]。多声子弛豫非辐射跃迁概率可用下式进行评估：

$$W_{mp} = \frac{1}{\tau_{nr}} = B\exp(-\alpha\Delta E)[1 - \exp(-h\omega/kT)]^{-n} \qquad (2.3)$$

其中，τ_{nr} 为声子弛豫过程的非辐射跃迁寿命，n 为参与的声子数个数，T 为温度，B、α 是与基质有关的常数。总的来说，铒离子的多声子弛豫率取决于母体晶格的最大声子能量。晶格的声子能量越小，非辐射跃迁的概率就越小。由于铒离子高激发态能级寿命均较短，通常都只有微秒（μs）量级，大多数情况下高激发态的铒离子都会以非辐射跃迁的方式快速衰减到相邻的低能量能级状态，并产生一个或多个声子。这些多声子弛豫过程是掺铒材料体系中铒离子的另一大非辐射跃迁形式，直接影响着材料体系的发光效率。

2.2.5　铒离子浓度猝灭

铒离子的上转换过程均会使掺铒发光材料产生非辐射跃迁，造成光活性铒离子数目的降低，从而降低其发光效率；此外，掺铒材料在制备过程中会产生缺陷和杂质，基质中含有很低浓度的猝灭中心（陷阱）。当一个激发发光中心（铒离子）靠近一个陷阱时，能量也会很容易地以非辐射的方式传递到陷阱中，降低发光效率。这些现象统称为铒离子浓度猝灭。

进一步解释这个现象可采用猝灭中心（陷阱）涨落理论[3,4]。当铒离子浓度较低时，铒离子可被视为"孤立"离子，只有少数具有陷阱的铒离子能够将其能量转移到陷阱中，导致显著的浓度猝灭。随着浓度的增加，铒离子变得足够接近，形成共振能量转移网络，因此，铒离子之间的能量转移更容易发生，因为能量转移速率比库仑相互作用产生的辐射衰减速率快得多，并且在高铒浓度下，平均相互作用距离很小。因此，由于铒离子与陷阱的平均距离缩短，大多数激发态通过给陷阱能量的方式进入基态，导致浓度猝灭。因此，猝灭发生在很高的浓度下。

2.2.6 铒镱离子间的能量转移

正如上文所述，在掺铒材料体系中引入镱离子可以同时起到稀释剂和敏化剂的作用。一方面，由于有效的铒镱耦合作用，镱离子的敏化作用在 980 nm 波长处有效吸收泵浦光子，把能量发转移到受体铒离子上；另一方面，镱离子的稀释作用大幅抑制了铒离子间的上转换现象。铒镱离子间的能量转移过程如图 2.6 所示。与铒离子相比，镱离子具有相当简单的能级结构，它由两个能级组成：激发态能级（$^2F_{5/2}$）与基态能级（$^2F_{7/2}$）。因为只有两个能级，所以镱离子没有铒离子那样的上转换过程。在铒镱共掺的情况下，由于镱离子在 980 nm 波长处具有更高的泵浦吸收截面，基态镱离子（$^2F_{7/2}$）会更高效地吸收 980 nm 的泵浦光子跃迁到激发态能级（$^2F_{5/2}$），然后激发态镱离子与基态（$^4I_{15/2}$）的铒离子进行能量转移，将铒离子激发到第二激发态（$^4I_{11/2}$）。这个过程称为镱离子的敏化过程，解决了铒离子 980 nm 泵浦吸收截面相对较小而导致的泵浦效率低的问题。

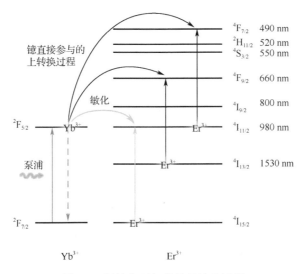

图 2.6　铒镱离子间的能量转移过程

　　然而，在高镱浓度（高的镱/铒比例）的情况下，虽然镱离子向铒离子的能量转移可以消耗部分处于激发态的镱离子，但由于此时铒离子的浓度远低于镱离子，仍有大量镱离子处于激发态（$^2F_{5/2}$）。这使得处于激发态的镱离子可以直接将能量转移到激发态的铒离子，从而参与铒离子的高阶上转换过程，主要包括两大过程：一是将第一激发态（$^4I_{13/2}$）的铒离子激发到更高的 $^4F_{9/2}$ 能级，对应于一阶合作上转换过程；二是将第二激发态（$^4I_{13/2}$）的铒离子激发到更高的 $^4F_{7/2}$ 能级，对应于二阶合作上转换过程。总之，在高镱离子浓度下，一个处于激发态的铒离子被几个处于激发态的镱离子包围，它接收来自镱离子的能量的概率比从另一个处于激发态的铒离子接收的概率大。因此，镱离子直接参与的能量转移上转换过程，比两个激发铒离子之间的合作上转换过程更为明显。这一过程主要抑制了高镱离子浓度下的敏化作用，造成泵浦能量的浪费。

2.2.7　铒离子的发光效率

　　综上所述，铒离子能级结构中的辐射跃迁和非辐射跃迁过程共同决定着掺铒材料体系的发光效率。材料发射光子的效率取决于铒离子的辐射跃迁寿命 τ_r 和非辐射跃迁 τ_{nr} 的相对大小。通常用内量子效率 η_{in} 和外量子效率 η_{ex} 来表示发光效率。内量子效率是单位时间内辐射跃迁发射的光子数与注入的泵浦光子数的比值，即辐射跃迁概率 W_r 与总的跃迁概率（$W_{nr}+W_r$）的比值。辐射/非辐射跃迁概率又分别为对应跃迁寿命的倒数，即

$$\eta_{in} = \frac{W_r}{(W_{nr}+W_r)} = \frac{1/\tau_r}{1/\tau_r + 1/\tau_{\tau_{nr}}} = \frac{\tau_{nr}}{(\tau_{nr}+\tau_r)} = 1 - \frac{\tau_r}{(\tau_{nr}+\tau_r)} \qquad (2.4)$$

　　因此，只有当 $\tau_{nr} \gg \tau_r$ 时，才能获得高效率的光子发射。外量子效率是单位时间内掺铒材料向外界发射的光子数与注入的泵浦光子数的比值。铒离子辐射跃迁所发出的光子在材料中渡越时会被部分地吸收或反射，并不能全部发射至材料外部，因此，外量子效率衡量材料最终的有效发光效率，它通常会比内量子效率低很多。

2.3　掺铒材料体系的参数理论

　　整个掺铒材料体系涉及一些关键的材料参数，如铒离子光发射/吸收截面、铒离子能级寿命、铒离子上转换系数以及铒镱间的能量转移系数等。对这些材料参数进一步的理论分析有助于对该材料体系的理解，也能为后续建模与器件设计中的提参过程铒镱提供理论指导。整个掺铒材料体系的参数理论包括 Judd-Ofelt 理论（计算能级寿命）、McCumber 理论（计算发射/吸收截面）以及 Forster-Dexter 能量转移理论（计算上转换以及能量转移系数）。

2.3.1　Judd-Ofelt 理论

如 2.1 节所述，铒离子的光子跃迁主要取决于电偶极子的相互作用，磁偶极子对辐射跃迁的贡献相对较弱。通过对电偶极子的跃迁概率的计算，可以对铒离子的能级寿命进行参数提取。根据 Judd-Ofelt 理论[5,6]，组态的初态能级（自旋角动量量子数 S，轨道角动量量子数 J，总角动量量子数 L）到末态能级（S'，J'，L'）的自发辐射弛豫率 $A[(S,L)J \to (S',L')J']$ 为电偶极子跃迁率 A_{ed} 与磁偶极子跃迁率 A_{md} 之和：

$$A[(S,L)J \to (S',L')J'] = A_{ed} + A_{md} = \frac{64\pi^2}{3h\lambda^3(2J+1)}[\chi_{ed}S_{ed} + \chi_{md}S_{md}] \tag{2.5}$$

式中，h 为普朗克常量，λ 为吸收跃迁的平均波长，$\chi_{ed} = n(n^2+2)^2/9$ 和 $\chi_{md} = n^3$（n 为材料折射率）分别为电偶极子和磁偶极子吸收跃迁的修正系数。电偶极子的谱线强度 S_{ed} 计算公式如下：

$$S_{ed} = e^2 \sum_{t=2,4,6} \Omega_t |\langle (S,L)J \| U^{(t)} \| (S',L')J' \rangle|^2 \tag{2.6}$$

其中，e 为电子电量；Ω_t（$t=2,4,6$）为 Judd-Ofelt 谱线强度系数，它反映了铒离子的配位场、电子波函数和能级分裂的特性，可通过实验中测到的掺铒吸收光谱计算拟合获得。$\langle (S,L)J \| U^{(t)} \| (S',L')J' \rangle$ 为能级初态到末态的约化矩阵元，其数值与铒离子的基质环境无关，可直接从参数库中提取[7]。对于磁偶极子谱线强度 S_{md}，通常情况下其相对电偶极子的贡献很小，可以忽略，但对于满足跃迁选择定则的能级跃迁过程（如铒离子 $^4I_{13/2}$ 到 $^4I_{15/2}$ 的跃迁），则需考虑磁偶极子的影响：

$$S_{md} = \frac{e^2h^2}{16m^2c^2} |\langle (S,L)J \| L+2S \| (S',L')J' \rangle|^2 \tag{2.7}$$

其中，m 为电子质量，c 为光速。最终，可以计算出特定激发态 J 的能级辐射寿命：

$$\tau_{rad}[(S,L)J] = \frac{1}{\sum_{S'L'J'} A[(S,L)J \to (S',L')J']} \tag{2.8}$$

2.3.2　McCumber 理论

铒离子的光吸收截面和发射截面也是掺铒材料体系重要的基本参数，它们反映了铒离子受激吸收和辐射光子的能力。吸收截面/发射截面越大，说明铒离子的受激吸收/辐射的概率越大。然而，在实验中直接测量掺铒材料中铒离子的吸收截面和发射截面是十分困难的，因此，常常通过测量材料的吸收光谱与铒离子浓度 N_{Er} 来间接地计算提取截面参数值。从传输实验中获得掺铒材料的吸收光谱后，铒离子吸收截面 σ_{12} 可由

$\sigma_{12} = \alpha_\mathrm{m}/\Gamma_\mathrm{s}N_\mathrm{Er}$ 计算，其中 α_m 为吸收光谱中提取的吸收系数，Γ_s 为材料对光场的限制因子，而受激发射截面则可以根据 McCumber 理论[8]进行计算。McCumber 理论从爱因斯坦关系出发，可推导出铒离子发射截面与吸收截面的关系：

$$\sigma_{21} = \sigma_{12}\mathrm{e}^{-\hbar\left(\frac{2\pi c}{\lambda} - \frac{2\pi c}{\lambda_0}\right)/k_\mathrm{B}T} \tag{2.9}$$

式中，k_B 是玻尔兹曼常量，c 是真空中的光速，T 是室温（约 300 K），λ_0 是发射光谱的峰值波长，对于掺铒材料取值为 1532 nm。图 2.7 为提取出的掺铒材料的吸收与发射截面谱。McCumber 理论断言，在峰值波长（1525～1540 nm）附近，铒离子的吸收截面基本上等于发射截面，如图中的插图所示。相比之下，在 1400～1525 nm 波长范围内，吸收截面大于发射截面，在 1540～1650 nm 波长范围内，吸收截面小于发射截面。

另外，从 McCumber 理论中也可以进一步推算出铒离子能级 $^4\mathrm{I}_{13/2}$ 辐射寿命 τ_{21}[9,10]：

$$\frac{1}{\tau_{21}} = \frac{8\pi n^2}{c^2}\int \nu^2 \sigma_{21}(\nu)\mathrm{d}\nu \tag{2.10}$$

式中，n 为材料的折射率。相较于 Judd-Ofelt 理论，通过对铒离子受激发射谱的积分计算，可以更简单地计算出第一激发态能级（$^4\mathrm{I}_{13/2}$）的辐射寿命。

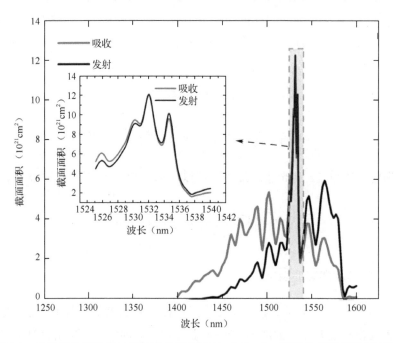

图 2.7　实验提取的掺铒材料的吸收截面谱与 McCumber 理论计算的发射截面谱

2.3.3 Forster-Dexter 能量转移理论

铒离子上转换系数也是掺铒材料体系关键参数。如 2.2 节所述，合作上转换和交叉弛豫是这些上转换能量传递的基本过程，这些过程均可视为施主离子与受主铒离子之间偶极子的相互作用。描述偶极子-偶极子之间相互作用的 Forster-Dexter 能量传递模型[11,12]可用于确定这些合作上转换系数、交叉弛豫系数和镱-铒能量转移系数。Forster-Dexter 理论表明，离子间的能量转移概率可由下式计算：

$$P_{da} = \frac{1}{\tau_d} \frac{3\hbar^4 c^4}{4\pi n^4} \frac{Q_a}{R_{da}^6} \int \frac{f_d(E) F_a(E)}{E^4} dE \tag{2.11}$$

式中，τ_d 是施主离子能级的辐射寿命，Q_a 是吸收截面，R_{da} 是施主-受主离子间的分离距离，$f_d(E)$ 和 $f_a(E)$ 分别是施主离子发射带和受主离子吸收带的归一化线性函数，E 是偶极子的能量。在后续理论工作中，Chen 等人[13]定义了 R_0，即离子间的临界相互作用距离，它与离子吸收截面、基底材料折射率等有关。当 $R_{da}=R_0$ 时，$P_{da}\tau_d=1$。因此，式（2.11）可以用 R_0 进行简化：

$$P_{da} = \frac{R_0^6}{\tau_d R_{da}^6} \tag{2.12}$$

在掺铒材料体系中，假设受主铒离子只与最邻近的施主（最近邻）铒离子间发生能量转移，则利用最近邻近似，选择 R_{da} 作为最近邻的能量转移距离，此时对应的跃迁概率为 $1-\frac{1}{e}$。使用随机概率分布公式可以将能量转移系数写成：

$$C_{ij} \approx \frac{17.6 R_0^6 (N_a + N_d)}{\tau_d} \tag{2.13}$$

式中，N_a 和 N_d 分别为受主和施主离子浓度。在该理论中，施主-受主间的能量转移系数主要取决于施主、受主离子浓度，以及施主、受主离子中相互转移能级的辐射寿命。利用发射光谱和吸收光谱数据，可以预估出铒离子的 $^4I_{13/2}$ 能级上转换能量转移的临界距离 R_0 约为 1.02 nm。类似材料中的一些实验数据可以支持该理论的计算值[14-17]，实验值与计算值基本在同一量级。因此，这种近似公式基本上可以计算出这些能量传递参数。

综上所述，依据材料参数理论，可对铒镱材料体系的参数做整体评估，如表 2.1 所示。

表 2.1　铒镱材料体系的参数列表

参 数 名 称	符 号	取 值
铒离子浓度	N_{Er}	$(0.1\sim2)\times10^{22}$ cm^{-3}
镱离子浓度	N_{Yb}	$(0\sim1.44)\times10^{22}$ cm^{-3}
信号波长	λ_s	1530 nm
泵浦波长	λ_p	980 nm
1532 nm 波长处铒离子发射截面	σ_{21}	1.24×10^{-20} cm^2
1532 nm 波长处铒离子吸收截面	σ_{12}	1.24×10^{-20} cm^2
980 nm 波长处铒离子吸收截面	σ_{13}	2.58×10^{-21} cm^2
980 nm 波长处镱离子发射截面	σ_{21}^{Yb}	1.2×10^{-20} cm^2
980 nm 波长处镱离子吸收截面	σ_{12}^{Yb}	1.2×10^{-20} cm^2
铒离子 $^4I_{13/2}$ 能级寿命	τ_{21}	5 ms
铒离子 $^4I_{11/2}$ 能级非辐射寿命	τ_{32}	100 μs
铒离子 $^4I_{11/2}$ 能级辐射寿命	τ_{31}	100 μs
铒离子 $^4I_{9/2}$ 能级非辐射寿命	τ_{43}	1 μs
铒离子 $^4I_{9/2}$ 能级辐射寿命	τ_{41}	1 μs
镱离子 $^2F_{5/2}$ 能级寿命	τ_{21}^{Yb}	2 ms
铒离子一阶合作上转换系数	C_2	$(0.13\sim1.14)\times10^{-16}$ cm^3/s
铒离子二阶合作上转换系数	C_3	$(0.13\sim1.14)\times10^{-16}$ cm^3/s
铒离子交叉弛豫系数	C_{14}	$(0.91\sim7.98)\times10^{-15}$ cm^3/s
镱离子到铒离子的能量转移系数	K_{tr}	2.257×10^{-16} cm^3/s

2.4　掺铒材料体系的能级模型与速率方程

2.4.1　980 nm 泵浦的铒离子能级模型与速率方程

在 980 nm 泵浦的情况下，通过泵浦光将处于基态 $^4I_{15/2}$ 的离子泵浦到第二激发态 $^4I_{11/2}$。由于 $^4I_{11/2}$ 能级寿命较短，处于该能级的铒离子会快速地通过非辐射跃迁跳到 $^4I_{13/2}$ 态，从而形成第一激发态的粒子数布居。在 980 nm 波长泵浦的情况下，泵浦和放大涉及两个不同的激发态能级，效率相对比较高。

不考虑上转换的情况，铒离子放大过程可以用简单的三能级体系来描述。能级模型如图 2.8 所示。

其中，$^4I_{15/2}$ 对应铒离子基态，该能级上的粒子数用 N_1 来表示。$^4I_{13/2}$ 对应于铒离子第一激发态，该能级粒子数用 N_2 来表示，铒离子在该能级上寿命较长。$^4I_{11/2}$ 对应于铒离子第二激发态，该能级上的粒子数用 N_3 来表示，铒离子在该能级上寿命相对比较短。

被 980 nm 泵浦光泵浦到 $^4I_{11/2}$ 能级的铒离子会通过非辐射跃迁的方式快速弛豫到 $^4I_{13/2}$ 态，形成 $^4I_{13/2}$ 态相对于基态的粒子数反转。粒子数总数用 N_{tot} 表示。$N_{tot} = N_1 + N_2 + N_3$。

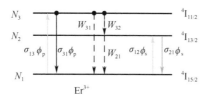

图 2.8　980 nm 泵浦的能级模型

泵浦光光通量密度用 ϕ_p（单位：$cm^{-2} \cdot s^{-1}$）来表示，即泵浦光在单位时间内通过单位面积的光子数。信号光光通量密度用 ϕ_s（单位：$cm^{-2} \cdot s^{-1}$）来表示，即信号光在单位时间内通过单位面积的光子数。从基态 $^4I_{15/2}$ 到第二激发态 $^4I_{11/2}$ 的吸收截面用 σ_{13}（单位：cm^2）表示，代表铒离子对泵浦光的吸收能力。从第二激发态到基态的发射截面用 σ_{31} 来表示。从 i 能级自由弛豫到 j 能级的跃迁速率用 W_{ij}（单位：s^{-1}）来表示，它既包括非辐射跃迁又包括辐射跃迁。其中 W_{32} 主要是非辐射跃迁，而 W_{21} 主要是辐射跃迁。在这里，将单一能级假设为简并态，因此对应同一波长的吸收截面和发射截面均应相等。

吸收截面或发射截面与光子通量的乘积对应于受激吸收或受激辐射的跃迁速率，W_{ij} 代表自由弛豫的跃迁速率，跃迁速率与能级粒子数的乘积为该能级对应某一过程的变化量。因此，我们可以写出铒离子的能级速率方程：

$$\frac{\partial N_2}{\partial t} = \sigma_{12}\phi_s N_1 - \sigma_{21}\phi_s N_2 + W_{32}N_3 - W_1 N_2$$
$$\frac{\partial N_3}{\partial t} = \sigma_{13}\phi_p N_1 - \sigma_{31}\phi_p N_3 - W_2 N_3 \qquad (2.14)$$
$$N_1 + N_2 + N_3 = N_{tot}$$

式中，$W_1 = W_{21}$，$W_2 = W_{32} + W_{31}$。

在光波导放大器的研究中，采用强光泵浦、弱光放大的模式，信号光功率远小于泵浦光功率（占约 5% 以下），因此，信号光对三能级系统粒子数布居影响比较小。为了简化的需要，忽略信号光对能级粒子数布居的影响。式（2.14）简化后的能级速率方程如下：

$$\frac{\partial N_2}{\partial t} = W_{32}N_3 - W_1 N_2$$
$$\frac{\partial N_3}{\partial t} = \sigma_{13}\phi_p N_1 - \sigma_{31}\phi_p N_3 - W_2 N_3 \qquad (2.15)$$
$$N_1 + N_2 + N_3 = N_{tot}$$

在稳态条件下，该系统各能级的铒离子粒子数不再随时间变化，因此有

$$\frac{\partial N_1}{\partial t} = \frac{\partial N_2}{\partial t} = \frac{\partial N_3}{\partial t} = 0 \tag{2.16}$$

由此解出稳态下各能级的粒子数：

$$N_1 = \frac{N_{tot}W_1(\sigma_{13}\phi_p + W_2)}{\sigma_{13}\phi_pW_{32} + \sigma_{13}\phi_pW_1 + \sigma_{31}\phi_pW_1 + W_1W_2}$$

$$N_2 = \frac{N_{tot}\sigma_{13}\phi_pW_{32}}{\sigma_{13}\phi_pW_{32} + \sigma_{13}\phi_pW_1 + \sigma_{31}\phi_pW_1 + W_1W_2} \tag{2.17}$$

$$N_3 = \frac{N_{tot}\sigma_{13}\phi_pW_1}{\sigma_{13}\phi_pW_{32} + \sigma_{13}\phi_pW_1 + \sigma_{31}\phi_pW_1 + W_1W_2}$$

对上式进行简化，可以得出处于第二激发态 $^4I_{11/2}$ 的粒子数 N_3 和处于基态 $^4I_{15/2}$ 的粒子数 N_1 之间的关系：

$$N_3 = \frac{1}{1 + W_2/(\sigma_{13}\phi_p)}N_1 \tag{2.18}$$

在实际情况下，铒离子 $^4I_{11/2}$ 能级的寿命非常短，导致该能级的自由弛豫速率 W_2 特别大，处于该态的粒子很快跃迁至 $^4I_{13/2}$ 能级，因此有 $N_3 \approx 0$。同时，$^4I_{13/2}$ 的能级寿命非常长，该能级的自由弛豫速率 W_1 非常小，相比 W_{32}，可以认为 $W_1 \approx 0$，此时，估算粒子数反转，有

$$N_2 - N_1 = \frac{\sigma_{13}\phi_pW_{32} - W_1W_2}{\sigma_{13}\phi_pW_{32} + W_1W_2}N_{tot} \approx \frac{\sigma_{13}\phi_p - W_1}{\sigma_{13}\phi_p + W_1}N_{tot} \tag{2.19}$$

上式成立的条件是 $W_2 = W_{31} + W_{32} \approx W_{32}$，即 $W_{31} \approx 0$。这种假设是成立的，在 C. Strohhofer 等人发表的文章中，$W_2 = 30000\ s^{-1}$，$W_{32} = 28000\ s^{-1}$，$W_{31} = 200\ s^{-1}$，$W_2 \gg W_{31}$。这代表处于第二激发态的铒离子绝大部分弛豫到了第一激发态，极少数的离子跃迁至基态。在掺铒光波导放大器中，为实现受激辐射产生增益，基态和第一激发态的粒子数反转是必不可少的，即要求 $N_2 > N_1$。这时需要泵浦功率达到某一阈值 $\phi_p \geq \phi_{th} = \dfrac{W_1}{\sigma_{13}}$，才可能实现第一激发态的粒子数比例大于 0.5。$\phi_{th}$ 是泵浦阈值，从该阈值的表达式中可以看到，铒离子第一激发态的寿命越长（W_1 越小），对泵浦光的吸收截面越大，波导放大器实现粒子数反转所需的泵浦光功率阈值也越低。

2.4.2　1480 nm 泵浦的铒离子能级模型与速率方程

采用 1480 nm 泵浦，其物理机制相对简单。铒离子在 1480 nm 处吸收截面大于发射截面，因此，在 1480 nm 泵浦下可以形成粒子数布居，产生第一激发态和基态的粒子数反转，从而实现对弱信号的放大。

在这种能级模型下，需要考虑 1480 nm 处吸收截面 σ_{abs_p} 和发射截面 σ_{emi_p} 以及 1530 nm 处吸收截面 σ_{abs_s} 和发射截面 σ_{emi_s} 的不同。根据 McCumber 理论，知道了 1530 nm 处的吸收截面和发射截面，很容易算出 1480 nm 处的吸收截面和发射截面。1480 nm 泵浦的能级模型如图 2.9 所示。

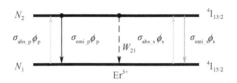

图 2.9　1480 nm 泵浦的能级模型

根据图 2.9 所示的模型，可以写出 1480 nm 泵浦下的能级速率方程：

$$\frac{\partial N_2}{\partial t} = \sigma_{abs\_s}\phi_s N_1 - \sigma_{emi\_s}\phi_s N_2 + \sigma_{abs\_p}\phi_p N_1 - \sigma_{emi\_p}\phi_p N_2 - W_{21}N_2 \qquad (2.20)$$
$$N_1 + N_2 = N_{tot}$$

考虑到信号光在波导放大器中的信号较小，忽略其对系统粒子数分布的影响，则粒子数速率方程可以简化为如下形式：

$$\frac{\partial N_2}{\partial t} = \sigma_{abs\_p}\phi_p N_1 - \sigma_{emi\_p}\phi_p N_2 - W_{21}N_2 \qquad (2.21)$$
$$N_1 + N_2 = N_{tot}$$

在稳态 $\frac{\partial N_2}{\partial t} = 0$ 条件下，有

$$N_2 = \frac{\sigma_{abs\_p}\phi_p N_{tot}}{\sigma_{abs\_p}\phi_p + \sigma_{emi\_p}\phi_p + W_{21}} \qquad (2.22)$$
$$N_1 = \frac{(\sigma_{emi\_p}\phi_p + W_{21})N_{tot}}{\sigma_{abs\_p}\phi_p + \sigma_{emi\_p}\phi_p + W_{21}}$$

则粒子数反转为

$$N_2 - N_1 = \frac{(\sigma_{abs\_p}\phi_p - \sigma_{emi\_p}\phi_p - W_{21})N_{tot}}{\sigma_{abs\_p}\phi_p + \sigma_{emi\_p}\phi_p + W_{21}} \qquad (2.23)$$

由于铒离子 $^4I_{13/2}$ 态寿命相对较长，W_{21} 可以近似为 0。在此情况下，若实现粒子数反转 $N_2 > N_1$，需要满足 $\sigma_{abs\_p} > \sigma_{emi\_p}$，即，1480 nm 处吸收截面大于发射截面。

2.4.3　980 nm 泵浦的铒镱材料体系能级模型与速率方程

在分析铒镱材料体系的光放大特性时，全面考虑铒离子与镱离子的能级结构是很

有必要的。本书依据前面几节的材料的光辐射理论，建立了更系统、更精确的 980 nm 泵浦的铒镱材料体系的多能级结构模型，如图 2.10 所示。为了简化计算，模型中主要考虑初始跃迁能级和最后跃迁能级。该材料体系模型在产生 1.53 μm 的信号光放大时，包含以下过程：

（1）铒离子第一激发态能级 $^4I_{13/2}$ 与基态能级 $^4I_{15/2}$ 之间的受激吸收与受激发射；

（2）铒离子第一激发态能级 $^4I_{13/2}$ 与能级 $^4I_{15/2}$、$^4I_{11/2}$ 之间的一阶合作上转换，以及第二激发态能级 $^4I_{11/2}$ 与能级 $^4I_{15/2}$、$^4F_{7/2}$ 间的二阶合作上转换；

（3）铒离子第一激发态能级 $^4I_{13/2}$ 与能级 $^4I_{9/2}$、$^4I_{15/2}$ 之间的交叉弛豫；

（4）铒离子能级 $^4I_{11/2}$ 与能级 $^4I_{13/2}$、能级 $^4I_{9/2}$ 与能级 $^4I_{11/2}$、能级 $^4F_{7/2}$ 与能级 $^4I_{9/2}$ 之间的非辐射跃迁；

（5）镱离子能级 $^2F_{5/2}$ 与铒离子能级 $^4I_{15/2}$ 之间的能量转移（敏化）；

（6）铒离子第一、第二激发态能级 $^4I_{13/2}$ 与 $^4I_{15/2}$、镱离子能级 $^2F_{5/2}$ 的自发辐射；

（7）系统的放大自发辐射（ASE）噪声。

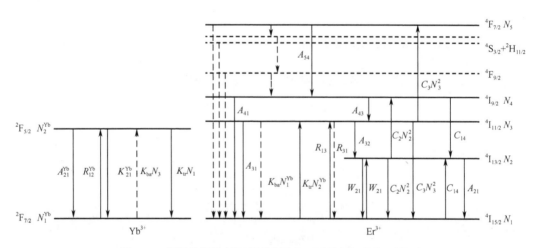

图 2.10   铒镱硅酸盐材料体系多能级（5 能级-2 能级）模型

铒离子能级 $^4F_{7/2}$、$^4S_{3/2}$ 或 $^2H_{11/2}$ 和 $^4F_{9/2}$ 的光辐射概率相对较低，因此它们的自发辐射跃迁可以忽略不计。此外，$^4F_{9/2}$、$^4S_{3/2}$ 和 $^2H_{11/2}$ 能级是上转换效应的中间能级，它们对发光能级的影响很小。最终，模型中虚线所示的能级与跃迁过程可以忽略。总而言之，这个模型分别使用了铒离子 5 能级-镱离子 2 能级的结构。5 个铒离子能级——$^4I_{15/2}$、$^4I_{13/2}$、$^4I_{11/2}$、$^4I_{9/2}$ 与 $^4F_{7/2}$——的平均粒子数布居分别用 N_1，N_2，N_3，N_4 与 N_5 表示。同样，两个镱离子能级 $^2F_{7/2}$ 和 $^2F_{5/2}$ 的平均居群分别用 N_1^{Yb} 和 N_2^{Yb} 表示。在母体中，由于声子能量较低，铒离子具有较长的激发态寿命（毫秒级）。因此，对于 $^4I_{9/2}$ 和 $^4I_{11/2}$ 能级，不仅存在非辐射跃迁，而且自发辐射跃迁也起作用，故对于这两个能级，存在一个分支比来描述辐射寿命和非辐射寿命。

总的来说，980 nm 泵浦的铒镱材料光放大原理是：基态能级 $^2F_{7/2}$ 上的镱离子吸收泵浦光能量跃迁到激发态能级 $^2F_{5/2}$，然后激发态的镱离子迅速把能量转移给基态能级 $^4I_{15/2}$ 上的铒离子，使其跃迁到第二激发态能级 $^4I_{11/2}$。由于能级寿命较短，第二激发态的铒离子以声子弛豫的形式迅速衰减到长寿命的第一激发态能级 $^4I_{13/2}$，形成粒子数反转。最终，第一激发态的铒离子在输入信号光子的诱导下受激辐射跃迁回到基态能级 $^4I_{15/2}$，并产生与信号光性质相同的光子，完成信号光放大的功能。

铒镱材料的速率方程是描述材料中铒离子和镱离子在各能级上的平均粒子数布居（浓度）单位时间内变化的方程。在稳态下，各能级上的铒离子数目不随时间变化，处于动态平衡状态，此时各能级的平均粒子数布居仅为位置的函数 $N(x,y,z)$。依据上述能级模型，可以得到铒镱材料体系的稳态速率方程。

（1）铒离子布居：

$$
\begin{cases}
\dfrac{\partial N_1}{\partial t} = -R_{13}N_1 - W_{12}N_1 + W_{21}N_2 + A_{21}N_2 + C_2 N_2^2 + C_3 N_3^2 - C_{14}N_1 N_4 \\
\qquad\quad + R_{31}N_3 + A_{41}N_4 + A_{31}N_3 - K_{tr}N_2^{Yb}N_1 = 0 \\
\dfrac{\partial N_2}{\partial t} = W_{12}N_1 - W_{21}N_2 - A_{21}N_2 + A_{32}N_3 - 2C_2 N_2^2 + 2C_{14}N_1 N_4 = 0 \\
\dfrac{\partial N_3}{\partial t} = R_{13}N_1 - A_{32}N_3 - 2C_3 N_3^2 + A_{43}N_4 - R_{31}N_3 - A_{31}N_3 + K_{tr}N_2^{Yb}N_1 = 0 \\
\dfrac{\partial N_4}{\partial t} = -A_{43}N_4 + C_2 N_2^2 + C_3 N_3^2 - C_{14}N_1 N_4 - A_{41}N_4 = 0 \\
\dfrac{\partial N_5}{\partial t} = C_3 N_3^2 - A_{54}N_5 = 0 \\
N_1 + N_2 + N_3 + N_4 + N_5 = N_{Er}
\end{cases}
\tag{2.24}
$$

（2）镱离子布居：

$$
\begin{cases}
\dfrac{\partial N_1^{Yb}}{\partial t} = -R_{12}^{Yb}N_1^{Yb} + R_{21}^{Yb}N_2^{Yb} + A_{21}^{Yb}N_2^{Yb} + K_{tr}N_2^{Yb}N_1 = 0 \\
\dfrac{\partial N_2^{Yb}}{\partial t} = R_{12}^{Yb}N_1^{Yb} - R_{21}^{Yb}N_2^{Yb} - A_{21}^{Yb}N_2^{Yb} - K_{tr}N_2^{Yb}N_1 = 0 \\
N_1^{Yb} + N_2^{Yb} = N_{Yb}
\end{cases}
\tag{2.25}
$$

式中，加号（+）表示能级上离子数的增加，减号（−）表示能级上离子数的减少。$A_{ij}=1/\tau_{ij}$ 为第 i 激发态能级到第 j 激发态能级的自发辐射概率以及非辐射弛豫概率，其中，τ_{ij} 代表铒离子对应的能级寿命。$A_{21}^{Yb}=1/\tau_{21}^{Yb}$ 为镱离子激发态能级的自发辐射概率，τ_{21}^{Yb} 为镱离子的激发态能级寿命。C_2 和 C_3 是铒离子一阶、二阶合作上转换系数，C_{14} 是铒离子的交叉弛豫系数，K_{tr} 是镱离子到铒离子的能量转移系数，N_{Er} 和 N_{Yb} 分别代表铒离子和镱离子浓度。信号波长（1530 nm）的受激发射/吸收跃迁概率 W_{21} 和 W_{12} 由下面两式给出：

$$W_{21} = \frac{\sigma_{21}(v_s)}{hv_s} I_s(x,y,z) + \sum_{j=1}^{M} \frac{\sigma_{21}(v_j)}{hv_j} \times [I_{ASE}^{+}(x,y,z,v_j) + I_{ASE}^{-}(x,y,z,v_j)] \qquad (2.26)$$

$$W_{12} = \frac{\sigma_{12}(v_s)}{hv_s} I_s(x,y,z) + \sum_{j=1}^{M} \frac{\sigma_{12}(v_j)}{hv_j} \times [I_{ASE}^{+}(x,y,z,v_j) + I_{ASE}^{-}(x,y,z,v_j)] \qquad (2.27)$$

铒离子对泵浦（980 nm）受激吸收概率为

$$R_{13} = \frac{\sigma_{13}(v_p)}{hv_p} I_p(x,y,z) \qquad (2.28)$$

镱离子对泵浦（980 nm）受激发射概率、受激吸收概率分别为

$$R_{21}^{Yb} = \frac{\sigma_{21}^{Yb}(v_p)}{hv_p} I_p(x,y,z) \qquad (2.29)$$

$$R_{12}^{Yb} = \frac{\sigma_{12}^{Yb}(v_p)}{hv_p} I_p(x,y,z) \qquad (2.30)$$

上面各式中，h 为普朗克常数，$I_s(x,y,z)$、$I_p(x,y,z)$ 分别为泵浦光和信号光强度，$\sigma_{13}(v_p)$ 为铒离子对泵浦频率（波长）的受激吸收截面，$\sigma_{21}(v_s)$ 和 $\sigma_{12}(v_s)$ 分别为铒离子对信号频率（波长）的受激发射与吸收截面，$\sigma_{21}^{Yb}(v_p)$ 和 $\sigma_{12}^{Yb}(v_p)$ 分别为镱离子对泵浦频率（波长）的受激发射与吸收截面。为了计算由 ASE 引起的噪声，需要对连续的 ASE 的吸收截面谱和发射截面谱离散化处理，将其分为 M 个离散的条样，每个离散条样的中心频率为 v_j，条样的频宽为 Δv_j，$I_{ASE}^{\pm}(x,y,z,v_j)$ 为沿正反两个方向传输的、中心频率为 v_j 的 ASE 的强度，$\sigma_{21}(v_j)$ 和 $\sigma_{12}(v_j)$ 分别为铒离子对频率为 v_j 的 ASE 的吸收截面和发射截面。

值得注意的是，在上述速率方程的建立中，采用了几点近似处理：

（1）能级 $^4I_{11/2}$、$^4I_{15/2}$ 间的铒离子对泵浦光的发射截面为 0；

（2）能级 $^4F_{7/2}$ 上的铒离子寿命极短，N_5 及以上能级的离子数可忽略；

（3）激发态能级 $^4I_{11/2}$ 上的铒离子数远小于基态能级 $^4I_{15/2}$ 上的铒离子数，$K_{ba} N_1^{Yb} N_3$ 可以忽略；

（4）假设材料中的铒镱离子均匀分布，仅考虑离子数在光传播方向上的变化，即 $N(x,y,z)$ 可简化成 $N(z)$，且当镱浓度为 0（即令 $N_1^{Yb} = N_2^{Yb} = N_{Yb} = 0$）时，上面的模型可直接退化成纯掺铒材料的理论模型。

参 考 文 献

[1] M. J. Weber. Multiphonon Relaxation of Rare-Earth Ions Yttrium Ortho-aluminate. *Phys. Rev. B*. 8, 54-64 (1973).

[2] S. A. Egorov, J. L. Skinner. On the theory of multiphonon relaxation rates in solids. *J Chem. Phys.*, 103, 1533-1543 (1995).

[3] W. Zhang, P. Xie, C. Duan, K. Yan, M. Yin, L. Lou, S. Xia, and J. C. Krupa. Preparation and size effect on concentration quenching of nano-crystalline Y_2SiO_5:Eu. *Chem. Phys. Lett.*, 292, 133 (1998).

[4] C. Duan, M. Yin, K.Yan, M. F. Reid. Surface and size effects and energy transfer phenomenon on the luminescence of nano-crystalline X_1-Y_2SiO_5:Eu^{3+}. *J. Alloys Compd.*, 303, 371 (2000).

[5] B. R. Judd. Optical Absorption Intensities of Rare Earth Ions. *Phys. Rev.*, 127, 750-761 (1962).

[6] G. S. Ofelt. Intensities of Crystal Spectra of Rare Earth Ions. *J. Chem. Phys.*, 37, 511-520 (1962).

[7] W. T. Carnall, P. R. Fields, K. Pajnak. Electronic energy levels in the trivalent lanthanide aquo ions. *J. Chem. Phys.*, 49(10), 4424-4442 (1968).

[8] D. E. McCumber. Einstein relations connecting broadband emission and absorption spectra. *Phys. Rev.*, 136, A954-A957 (1964).

[9] R. S. Quimby, W. J. Miniscalco. Modified Judd-Ofelt technique and application to optical transitions in Pr^{3+}-doped glass. *J. Appl. Phys.*, 75, 613-615 (1994).

[10] R. S. Quimby. Range of validity of McCumber theory in relating absorption and emission cross sections. *J. Appl. Phys.*, 92, 180-187 (2002).

[11] D. L. Dexter. A Theory of Sensitized Luminescence in Solids. *J. Chem. Phys.*, 21(5), 836-850 (1953).

[12] D. L. Dexter, J. H. Schulman. Theory of Concentration Quenching in Inorganic Phosphors. *J. Chem. Phys.*, 22(6), 1063-1070 (1954).

[13] C. Y. Chen, R. R. Petrin, D. C. Yeh, et al. Concentration-dependent energy-transfer processes in Er^{3+}-and Tm^{3+}-doped heavy-metal fluoride glass. *Opt. Lett.,* 14(9), 432-434 (1989).

[14] A. Shooshtari, T. Touam, S. I. Najafi. Yb^{3+} sensitized Er^{3+}-doped waveguide amplifiers: a theoretical approach. *Opt. Quant. Electron.,* 30(4), 249-264 (1998).

[15] K. Liu and Edwin Y. B. Pun. Modeling and experiments of packaged Er^{3+}-Yb^{3+} co-doped glass waveguide amplifiers. *Opt. Commun.,* 273(2), 413-420 (2007).

[16] G. Yuan, X.J. Wang, B. Dong, et al. Numerical analysis of amplification characteristics of $Er_xY_{2-x}SiO_5$. *Opt. Commun.,* 284 (21), 5167-5170 (2011).

[17] X. J. Wang, S. M. Wang, Z. P. Zhou. Low threshold $Er_xYb(Y)_{2-x}SiO_5$ nanowire waveguide amplifier. *Appl. Opt.,* 54 (9) :2501 (2015).

[18] 郭瑞民. 硅基铒/镱硅酸盐波导光放大及上转换研究. 北京大学，2012.

第3章 掺铒材料制备与发光特性优化

3.1 掺铒薄膜材料的制备

硅基掺铒光波导放大器和激光器的制备关键是生长高质量、强发光特性的掺铒薄膜材料。掺铒薄膜制备工艺主要包括溶胶-凝胶法[1-3]、脉冲激光沉积[4,5]、射频磁控溅射[6-8]和原子层沉积[9]。

（1）溶胶-凝胶法

这一方法首先将不同组分的溶胶按照摩尔体积比进行充分混合，通过不同的摩尔体积比调节掺铒薄膜的组分。然后，将混合后的溶胶溶液旋涂在氧化硅片衬底上，在空气中干燥、在氩气氛围中烘烤，并重复此过程以调整薄膜厚度。最后，用另一片抛基片覆盖在涂层表面，继续在氩气氛围下在加热炉中烧结，以形成稳定的薄膜结构。这种工艺可精确控制膜中各组分的含量，使其均匀混合，且过程简单，工艺条件容易控制；但凝胶时间漫长，其中存在大量微孔及水分，影响成膜的质量以及稀释铒浓度。溶胶-凝胶法工艺流程见图3.1。

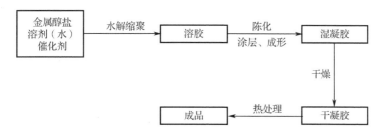

图 3.1 溶胶-凝胶法工艺流程图

（2）脉冲激光沉积

这一方法将高能量激光脉冲聚焦到靶材上烧蚀，使其形成等离子羽状物，这种等离子羽状物不断地定向局部膨胀，最终在衬底上沉积形成薄膜，并通过激光功率控制靶材间的沉积速率控制薄膜厚度与组分。这种工艺具有良好的成分保持性与均匀性，衬底温度要求低，但沉积速率慢、工艺相对复杂、成本较高。脉冲激光沉积示意见图3.2。

（3）射频磁控溅射

此方法通过施加正交的电磁场使镀膜腔内的工作气体产生辉光放电，电离产生的高能离子在电场作用下不断轰击靶材，将靶材上的原子溅射到衬底上形成薄膜，并通过所加电压功率、环境压强等控制靶材间的沉积速率，以控制薄膜厚度与组分。相较于前两种工艺，射频磁控溅射工艺操作简单、成本较低、沉积速率快、成膜纯度高、致密性好、均匀性好、可控性强，且薄膜附着力大，利于大面积成膜。射频磁控溅射示意见图3.3。

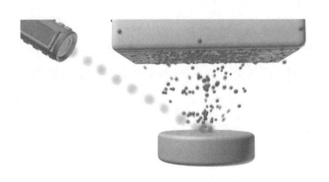

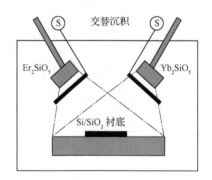

图3.2　脉冲激光沉积示意图　　　　　　图3.3　射频磁控溅射示意图

（4）原子层沉积

此方法通过将气相前驱体脉冲交替地通入反应器，在沉积基体上发生化学吸附并反应而形成沉积膜。当前驱体到达沉积基体表面时，它们在基体表面发生化学吸附并发生表面反应。要在材料表面发生化学吸附，必须具有一定的活化能，因此能否实现原子层沉积，选择合适的反应前驱体物质是至关重要的。原子层沉积技术能够制备高质量、低损耗的薄膜，但制备工艺复杂，且薄膜沉积速率过慢。原子层沉积示意见图3.4。

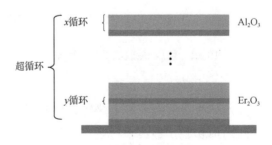

图3.4　原子层沉积示意图

掺铒薄膜制备完成后，通常需要进行高温退火处理，以保证薄膜具有良好的光致发光特性。退火处理能对薄膜中的铒离子进行光激活，提高荧光强度；同时，退火过程能减少薄膜中的缺陷浓度，提高薄膜密度。通常，掺铒薄膜的退火温度控制在800～1200 ℃之间。

3.2 掺铒薄膜结构表征

3.2.1 掺铒薄膜的晶格结构表征

掺铒薄膜材料的晶格结构通常采用 X 射线衍射（Diffraction of X-ray，XRD）进行表征。其基本原理是，利用波长与原子间距数量级接近的单色 X 射线入射到薄膜中，结晶化薄膜内规则排列的不同原子而散射掉该 X 射线，并使其相互干涉，最终在特定的方位上形成一系列较强的 X 射线衍射峰，这些衍射峰的分布位置和强度取决于薄膜中的晶格特征。因此，可以通过检测这些衍射峰的信息来表征薄膜中的晶体结构。在下文中将分别针对铒镱硅酸盐材料和掺铒氧化铝（Al_2O_3:Er^{3+}）两种材料体系进行介绍。

对于铒镱硅酸盐材料，图 3.5 分别为退火前、1100 ℃退火、1200 ℃退火和 1200 ℃富氧化硅环境下退火后的铒镱硅酸盐薄膜（$Er_xYb_{2-x}SiO_5$）晶体结构的表征结果。通过将 XRD 衍射峰与 JCPDS 标准卡片对比，可以确定不同薄膜中的晶相。实验表明，在不同退火环境下，铒硅酸盐薄膜展示出 4 种不同的晶体结构。在退火前，铒硅酸盐处于非晶态，此时铒离子不具备光学活性；高温退火后，在 $Er_xYb_{2-x}SiO_5$ 的晶格中，镱和铒在原来分属的格点上互相替换，仍然保持纯 Er_2SiO_5 的晶体结构。通过分析晶体结构，得到了多晶 $Er_xYb_{2-x}SiO_5$ 的相变特征。薄膜中主要存在高温和低温两种晶相：α 表示低温相的 Er_2SiO_5（JCPDS:52-1809）和 Yb_2SiO_5（JCPDS:52-1187），β 表示高温相的 Er_2SiO_5（JCPDS:40-0384）和 Yb_2SiO_5（JCPDS:40-0386）。当退火温度低于 1100 ℃时，基本上所有的 $Er_xYb_{2-x}SiO_5$ 薄膜都形成低温相。而在 1200 ℃退火的薄膜中，基本都形成了高温相，因此相变的临界点位于 1100～1200 ℃之间。此外，在 1200 ℃环境下长时间退火，增强了 Er-O、Si-O 与 SiO_2 衬底的反应；或者直接在富氧化硅环境下退火，可使部分 Er_2SiO_5 转变为 α-$Er_2Si_2O_7$ 相。

对于掺铒氧化铝（Al_2O_3:Er^{3+}）材料，XRD 测试如图 3.6 所示——掺 10 mol%（即，摩尔百分比，下同）。Er^{3+}:γ-AlOOH 凝胶在 600～1200 ℃烧结粉末的 XRD 谱。由图 3.6 可见，在 600 ℃和 800 ℃烧结的粉末仍为单相 γ-(Al,Er)$_2O_3$，在 900 ℃烧结的粉末为 γ-(Al,Er)$_2O_3$ 和 θ-(Al,Er)$_2O_3$ 的混合物。随着温度升高到 1000 ℃和 1100 ℃，烧结粉末的 XRD 谱中除了 γ-(Al,Er)$_2O_3$ 和 θ-(Al,Er)$_2O_3$ 相的衍射峰外，还出现了 $Al_{10}Er_6O_{24}$ 相的衍射峰，为 γ-(Al,Er)$_2O_3$、θ-(Al,Er)$_2O_3$ 和 $Al_{10}Er_6O_{24}$ 相的混合物。在 1200 ℃，除了 α-(Al,Er)$_2O_3$ 和 $Al_{10}Er_6O_{24}$ 相外，还出现了 θ-(Al,Er)$_2O_3$ 相的衍射峰，没有出现 $ErAlO_3$ 相的衍射峰，为 α-(Al,Er)$_2O_3$、$Al_{10}Er_6O_{24}$ 和 θ-Al_2O_3 的混合物。这表明，在高 Er^{3+} 掺杂浓度情形中，θ-(Al,Er)$_2O_3 \rightarrow \alpha$-(Al,Er)$_2O_3$ 相变在 1200 ℃没有结束。

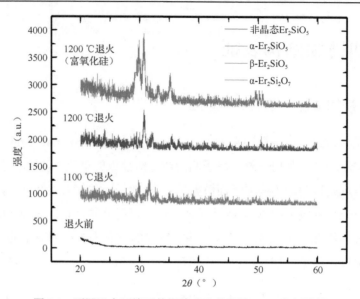

图 3.5　不同退火环境下的铒镱硅酸盐薄膜 XRD 表征结果

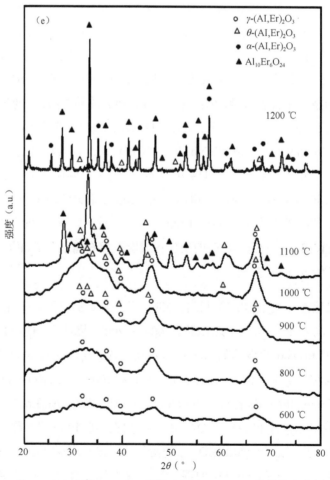

图 3.6　掺 10 mol% Er^{3+}:γ-AlOOH 凝胶在 600～1200 ℃烧结粉末的 XRD 谱

3.2.2　掺铒薄膜的 SEM 表征

扫描电子显微镜（Scanning Electron Microscope，SEM）是一种介于透射电子显微镜和光学显微镜之间的观察手段。扫描电子显微镜电子枪发射出的电子束经过聚焦后汇聚成点光源；点光源在加速电压下形成高能电子束；高能电子束经由两个电磁透镜被聚焦成直径微小的光点，在透过最后一级带有扫描线圈的电磁透镜后，电子束以光栅状扫描的方式逐点轰击到样品表面，同时激发出不同深度的电子信号。此时，电子信号被样品上方不同信号接收器的探头接收，通过放大器同步传送到电脑显示屏，形成实时成像记录。由入射电子轰击样品表面激发出来的电子信号包括俄歇电子（AuE）、二次电子（SE）、背散射电子（BSE）、X 射线（特征 X 射线、连续 X 射线）、阴极荧光（CL）、吸收电子（AE）和透射电子。每种电子信号的用途因作用深度而异。

图 3.7 为采用铒离子注入 Al_2O_3 薄膜工艺，在 $SiO_2/Si(100)$ 基体上制备的 $Al_2O_3{:}Er^{3+}$ 薄膜表面的 SEM 图像。工艺参数为提拉速度为 100 mm/min，每次离子注入能量为 45 keV，注入剂量为 $5×10^{15}cm^{-2}$，提拉-注入 4 次，烧结温度为 900 ℃。由图 3.7 可见，薄膜表面光滑平整，无明显缺陷。

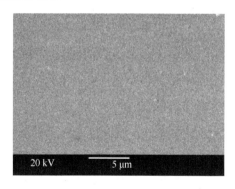

图 3.7　在氧化的 $SiO_2/Si(100)$ 基体上铒离子注入 γ-AlOOH 凝胶

图 3.8 为磁控溅射沉积的铒硅酸盐薄膜退火前后的 SEM 图像。退火前，薄膜表面较平滑；1200 ℃ 退火后，薄膜表面形成许多晶核，薄膜表面粗糙度较大。

3.2.3　掺铒薄膜的 TEM 表征

透射电子显微镜（Transmission Electron Microscope，TEM）简称透射电镜，是把经加速和聚集的电子束投射到非常薄的样品上，电子与样品中的原子碰撞而改变方向，从而产生立体角散射。散射角的大小与样品的密度、厚度相关，因此可以形成明暗不同的影像，影像经放大、聚焦后在成像器件（如荧光屏、胶片、感光耦合组件）上显示出来。

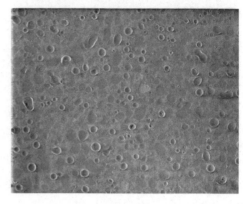

（a）退火前　　　　　　　　　　　　（b）1200 ℃退火后

图 3.8　磁控溅射沉积的铒硅酸盐薄膜退火前后的 SEM 图像

由于电子的德布罗意波长非常短，透射电子显微镜的分辨率比光学显微镜高很多，可以达到 0.1～0.2 nm，放大倍数为几万倍到百万倍。因此，透射电子显微镜可用于观察样品的精细结构，甚至可用于观察仅一列原子的结构，比光学显微镜能够观察到的最小结构小至数万分之一。

透射电子显微镜的成像原理可分为三种情况。

（1）吸收像。当电子射到质量大、密度大的样品上时，主要的成像作用是散射作用。样品上密度大的地方对电子的散射角大，通过的电子较少，像的亮度较暗。早期的透射电子显微镜都是基于这种原理的。

（2）衍射像。电子束被样品衍射后，样品不同位置的衍射波振幅分布对应样品中晶体各部分不同的衍射能力。当出现晶体缺陷时，缺陷部分的衍射能力与完整区域不同，从而使衍射波的振幅分布不均匀，反映出晶体缺陷的分布。

（3）相位像。当样品薄至 100 Å 以下时，电子可以穿过样品，波的振幅变化可以忽略，成像来自相位的变化。

图 3.9 显示了三种不同溅射方法下制备铒镱硅酸盐薄膜的示意图和成膜横截面的 TEM 图像。结晶质量基本可以从 TEM 衍射环的强度来分析，更强的衍射图案对应于铒镱硅酸盐薄膜更好的结晶质量。对于共溅射，如图 3.9（a）所示，Er_2SiO_5 和 Yb_2SiO_5 靶材被同步溅射。从 TEM 图像可以看出，薄膜在退火前为非晶态，而在退火后为多晶态。这样沉积速度可能最快，但薄膜的纯度和表面质量不够好。

对于多层交替溅射，如图 3.9（d）所示，Er_2SiO_5 和 Yb_2SiO_5 靶材使用时间控制挡板交替溅射。从 TEM 图像可以看出，多层结构在退火后结合形成多晶薄膜。这样可以提高薄膜的纯度和表面质量，但沉积效率低，不同多层膜的结合程度不高。

对于混合靶溅射，如图 3.9（g）所示，溅射过程中使用混合靶。TEM 图像类似于共溅射薄膜，薄膜在退火前为非晶态，而在退火后为多晶态。这样，薄膜的结晶度好，但溅射过程控制不好，薄膜的成分调整不方便。

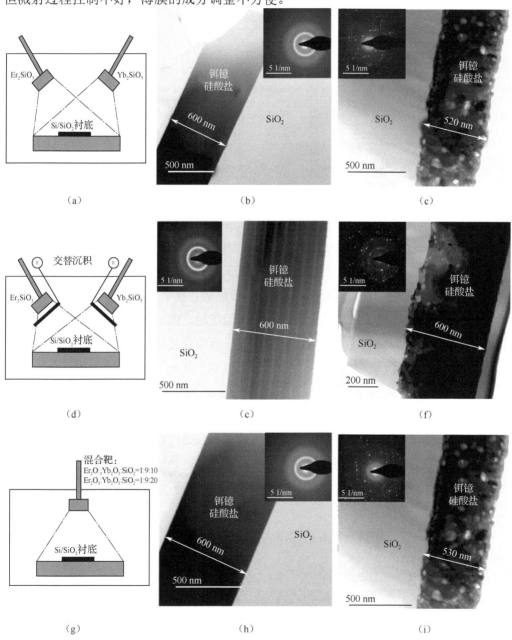

图 3.9　（a）共溅射制备铒镱硅酸盐；（b）（c）共溅射退火前、后薄膜横截面 TEM 图像；（d）交替溅射制备铒镱硅酸盐；（e）（f）交替溅射退火前、后薄膜横截面 TEM 图像；（g）混合靶溅射制备铒镱硅酸盐；（h）（i）混合靶材溅射退火前、后薄膜横截面 TEM 图像

值得一提的是，铒镱硅酸盐薄膜通过三种不同的溅射方法在退火后变薄。有两个主要因素可以解释这一点。第一个因素是退火后晶体结构的变化。薄膜从非晶态转变为多晶态，铒离子排列更规则，薄膜变得更致密。第二个因素是退火过程会导致一些外部扩散。铒离子可能会扩散到 SiO_2 衬底中，也会导致退火后薄膜厚度的减少。

3.2.4　掺铒薄膜的 AFM 表征

原子力显微镜（Atomic Force Microscope，AFM）是一种具有原子级分辨率的新型仪器，可以在大气和液体环境中对各种材料和样品纳米区域的物理性质（包括形貌）进行探测，或者直接进行纳米操纵。它的原理是，当原子间距离减小到一定程度时，原子间的作用力将迅速上升。因此，由显微探针受力的大小可以直接换算出样品表面的高度，从而获得样品表面形貌的信息。AFM 主要分为三类。

（1）接触式 AFM。利用探针和待测物表面的原子力交互作用（一定要接触），此作用力（原子间的排斥力）虽很小，但由于接触面积很小，过大的作用力仍会损坏样品，尤其是对于软性材质（不过，较大的作用力可获得较佳分辨率），所以选择较适当的作用力十分重要。由于排斥力对距离非常敏感，所以较易得到原子级分辨率。

（2）非接触式 AFM。为解决接触式 AFM 可能破坏样品的缺点，非接触式 AFM 被发展出来，这是利用原子间的长距离吸引力来运作的。由于探针和样品无接触，因此不会有样品被破坏的问题。不过，此力相对于距离的变化非常小，必须使用调变技术来增加信号的噪声比。在空气中，由于样品表面水模的影响，其分辨率一般只有 55 nm，而在超高真空中可得到原子级分辨率。

（3）轻敲式 AFM。将非接触式 AFM 改良，将探针和样品表面距离拉近，增大振幅，使探针在振荡至波谷时接触样品，样品的表面高低起伏使振幅改变，再利用接触式的回馈控制方式便能获得高度影像。其分辨率介于接触式和非接触式之间，破坏样品的概率却大为降低，且不受横向力的干扰。不过，对很硬的样品而言，针尖仍可能受损。

图 3.10 为磁控溅射铒硅酸盐薄膜退火前、后的 AFM 图像。1200 ℃退火后，薄膜表面粗糙度变大。

图 3.11 给出了掺 0~1.5 mol%的 $Al_2O_3:Er^{3+}$ 薄膜的表面粗糙度（AFM 形貌像）。由图 3.11 可见，随着 Er^{3+} 掺杂浓度的增加，薄膜的表面粗糙度变化不显著，约为 1.8 nm，比射频磁控溅射法获得的 $Al_2O_3:Er^{3+}$ 薄膜的表面粗糙度（3~11 nm）小。这种具有较小表面粗糙度的薄膜适合制备光波导[13]。

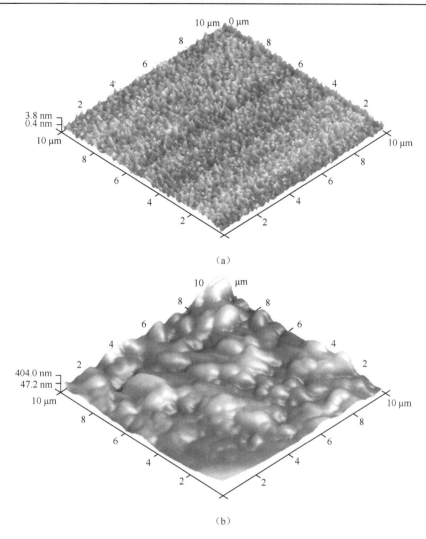

（a）

（b）

图 3.10　磁控溅射铒硅酸盐薄膜退火前、后的 AFM 图像

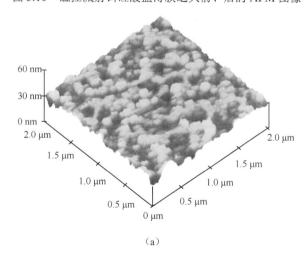

（a）

图 3.11　在 $SiO_2/Si(100)$衬底上采用提拉法制备的掺铒 0～1.5 mol%的 Al_2O_3:Er^{3+}薄膜的 AFM 形貌像

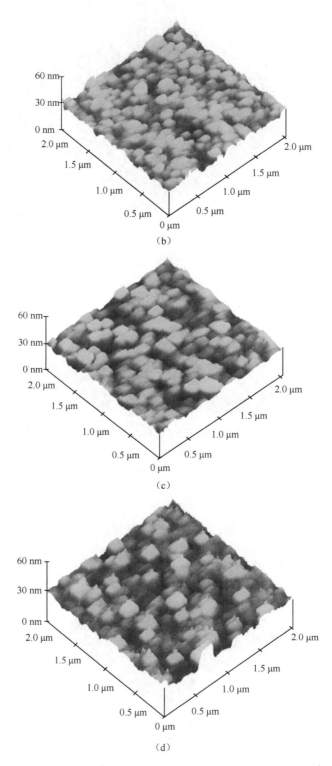

图 3.11（续）　在 SiO$_2$/Si(100)衬底上采用提拉法制备的掺铒 0～1.5 mol%的 Al$_2$O$_3$:Er^{3+}薄膜的 AFM 形貌像

3.2.5　掺铒薄膜的应力表征

掺铒薄膜在制备后需要高温退火进行光学激活，以改善薄膜的发光特性。然而，实验中发现，掺铒薄膜在退火过程中会产生严重的应力问题（这里的应力，业界惯以压强的单位来衡量）。图 3.12 表征了 500 nm 厚度的掺铒薄膜在 1200 ℃ 退火后的表面质量。可以看到，薄膜在高温退火后出现严重的裂膜现象，通过原子力显微镜对裂纹局部扫描，观测到薄膜中存在较大的压应力，导致局部的表面膨胀。该问题会给后续制备的波导器件引入更大的光学损耗，因此有必要对薄膜的应力问题进行分析与优化。

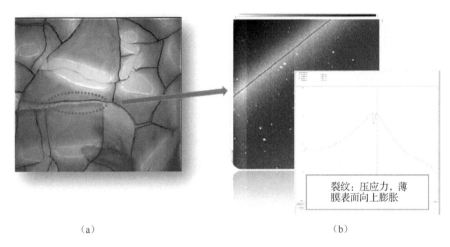

（a）　　　　　　　　　　　　　　（b）

图 3.12　掺铒薄膜退火后的表面质量。（a）显微镜照片；（b）AFM 表征

针对应力问题，首先需要建立理论模型进行详细分析，从机制上优化薄膜质量问题。其次，主要通过两大方案优化薄膜应力。一是通过镀膜工艺参数优化薄膜应力，调节沉积过程中的溅射功率（射频功率）、工作气压、衬底温度等溅射参数来优化成膜后的残留应力水平；二是通过添加过渡层优化薄膜应力，在不同膜层之间交替沉积应力状态相反的薄层，运用应变补偿的机制减轻薄膜整体的应力问题。

掺铒薄膜的应力来源主要包括以下 5 点。

（1）热膨胀效应。掺铒薄膜与基底之间热膨胀系数存在较大差异，在退火后，受约束的薄膜由于热胀冷缩效应而产生热应力。

（2）相转移效应。掺铒薄膜在高温退火后发生相的转移，在相转移时发生晶格体积变化，从而引起应力。

（3）界面失配。掺铒薄膜与衬底晶格结构有较大差异，衬底上成膜后会在退火时产生畸变而形成应力。

（4）离子钉扎效应。在溅射过程中，由于环境中工作气体离子与溅射靶材粒子的能量相对较高，在低气压或负偏压条件下，加速离子的冲击使薄膜处于压应力状态，在退火升温中应力逐渐释放出来。

（5）杂质效应模型。在成膜以及退火过程中，环境真空度并未达到最高，环境中的杂质气体原子吸附或残留在膜中形成间隙原子，渗入得越多，越易形成较大的压应力。

基于上述物理效应，建立理论模型对掺铒薄膜的应力进行定量分析，主要包括本征压应力分析以及热应力分析。薄膜的本征压应力分析主要基于 Stoney 模型，其形变示意如图 3.13 所示。其中，掺铒薄膜的厚度为 t_f，远小于氧化硅片衬底的厚度 t_s，此时可选取衬底的水平中间轴为零应力平面。通常来说掺铒薄膜很薄（小于 1 μm），可近似认为应力 σ_f 在薄膜厚度内是均匀分布的，则薄膜中的应力相对于零应力平面的力矩的大小 M_f 为

$$M_f = \sigma_f W t_f \frac{t_s}{2} \tag{3.1}$$

其中，W 为掺铒薄膜的宽度。衬底所受弹性形变随着与零应力平面间距离的增大而线性增大。由图 3.13 所示的几何关系，平行于零应力平面且距离零应力平面为 z 的平面，其弹性形变 $\varepsilon_s(z)$ 为

$$\frac{d}{R} = \frac{\Delta d}{t_s/2} \Rightarrow \frac{\varepsilon_s(z)}{z} = \frac{\Delta d/d}{t_s/2} = \frac{1}{R} \tag{3.2}$$

则平行于零应力平面且距离零平面为 z 距离的平面内，应力 $\sigma_s(z)$ 为

$$\sigma_s(z) = \left(\frac{E_s}{1-v_s}\right)\varepsilon_s(z) = \left(\frac{E_s}{1-v_s}\right)\frac{z}{R} \tag{3.3}$$

其中，基底参数 E_s 与 v_s 分别为衬底的杨氏模量与泊松比。故衬底中应力造成的力矩的大小 M_s 为

$$M_s = W \int_{-t_s/2}^{t_s/2} \left(\frac{E_s}{1-v_s}\right)\frac{z^2}{R}\,\mathrm{d}z = \left(\frac{E_s}{1-v_s}\right)\frac{W t_s^3}{12R} \tag{3.4}$$

根据力矩守恒，$M_s = M_f$，可推导出薄膜中的应力为

$$\sigma_f = \left(\frac{E_s}{1-v_s}\right)\frac{t_s^2}{6R t_f} \tag{3.5}$$

掺铒薄膜压应力形变示意见图 3.13。

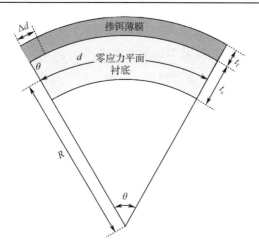

图 3.13　掺铒薄膜压应力形变示意图

掺铒薄膜退火中产生的热应力（水平形变）主要来源于掺铒薄膜与衬底材料之间的热膨胀效应。其基本模型如图 3.14 所示，薄膜和衬底由于热膨胀系数的差异，二者间存在着相互的热应力，薄膜（ε_f）和衬底（ε_s）随温度变化 ΔT 的热形变分别为

$$\varepsilon_f = \frac{\alpha_f \Delta T + F_{th}}{\dfrac{E_f}{1-v_f} t_f W} \tag{3.6}$$

$$\varepsilon_s = \frac{\alpha_s \Delta T - F_{th}}{\dfrac{E_s}{1-v_s} t_s W} \tag{3.7}$$

其中，α_f 与 α_s 分别为掺铒薄膜与衬底的等效热膨胀系数。根据相容性要求：

$$F_{th} \frac{1-v_f}{E_f t_f W} + F_{th} \frac{1-v_s}{E_s t_s W} = (\alpha_s - \alpha_f)\Delta T \tag{3.8}$$

当薄膜厚度远小于衬底厚度时，可以得到薄膜的热应力表达式为

$$\sigma_{th} = (\alpha_s - \alpha_f)\frac{E_f}{1-v_f} \tag{3.9}$$

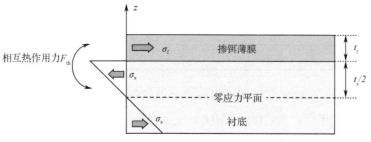

图 3.14　掺铒薄膜热应力形变示意图

综上所述，薄膜产生的总应力为本征应力与热应力之和。薄膜的裂膜应力强度可由原子间的结合力来计算。当薄膜中相邻两原子相距 a_0 时，原子处于平衡位置，原子间相互作用为 0。应力作用下薄膜晶格发生形变，原子间距产生位移，原子间作用力与形变位移关系可用正弦函数拟合：

$$\sigma = \frac{\sigma_m \sin(2\pi x)}{\lambda} \approx \frac{\sigma_m 2\pi x}{\lambda} = \frac{Ex}{a_0} \qquad (3.10)$$

其中，σ_m 为造成裂膜的临界应力。当形变位移量超过 1/2 的正弦函数周期时，原子间的相互作用消失，此时原子键合被损坏，薄膜破裂表面能 γ_s 可表示为

$$\gamma_s = \int_0^{\lambda/2} \frac{\sigma_m \sin(2\pi x)}{\lambda} dx = \frac{\lambda \sigma_m}{\pi} \qquad (3.11)$$

故可得造成掺铒薄膜的临界应力为

$$\sigma_m = \sqrt{\frac{E\gamma_s}{a_0}} \qquad (3.12)$$

在薄膜制备过程中，需尽可能保证掺铒薄膜产生的应力小于裂膜的临界应力，以提高薄膜的表面质量。根据式（3.12）初步估计，掺铒薄膜的裂膜临界应力在兆帕（MPa）量级。实验中主要利用台阶仪对薄膜进行应力表征。其原理与 AFM 类似，依据探针沿被测表面滑过时的运动情况反映出薄膜的表面形貌的情况，最终利用台阶仪探针扫描退火后的薄膜表面，并读出薄膜在探针力作用下产生的形变弯曲半径 R。氧化硅片的衬底参数以及掺铒薄膜的形变常数（杨氏模量与泊松比）可从数据库中提取，根据式（3.5）和式（3.9），最终对掺铒薄膜表面的应力进行评估。本书所用材料的机械参数如表 3.1 所示，可以参考。

表 3.1 不同材料的机械参数

材　料	杨氏模量（GPa）	泊　松　比	热膨胀系数
硅（Si）	190	0.23	$2.6 \times 10^{-6}/℃$
氧化硅（SiO$_2$）	270	0.27	$1.6 \times 10^{-6}/℃$
氮化硅（Si$_3$N$_4$）	300	0.25	$2.8 \times 10^{-6}/℃$
铒（Er）	69.9	0.24	$12.2 \, \mu m/(m·K)$

图 3.15 展示了 500 nm 厚度的掺铒薄膜在退火前的应力测试曲线，通过对表面形貌的扫描来拟合应力曲线。实验测得 500 nm 厚度的掺铒薄膜在退火前表现出较小的压应力，压强仅约为 67.8 Pa，这说明掺铒薄膜在退火前的表面质量较好。

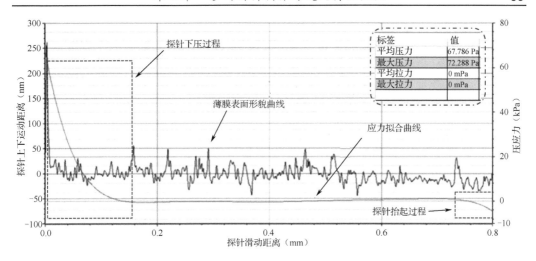

图 3.15　500 nm 厚度的掺铒薄膜在退火前的应力测试曲线

　　然而，在 1200 ℃退火后，掺铒薄膜的表面质量急剧下降，如图 3.16 所示。实验测得 500 nm 厚度的掺铒薄膜在高温退火后产生较大的压应力，压强约为 6.392 MPa，且裂膜情况明显，表面起伏较大，说明掺铒薄膜在退火后的表面质量较差。因此，需对掺铒薄膜进行应力优化处理，主要包括工艺参数优化以及添加氮化硅应力补偿亚层。

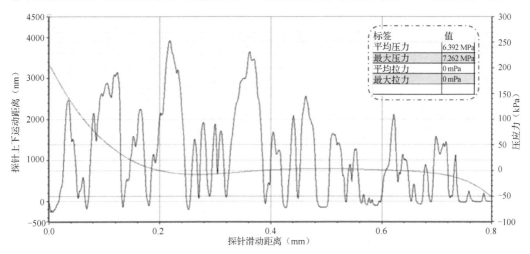

图 3.16　500 nm 厚度的掺铒薄膜在 1200 ℃退火后的应力测试曲线

　　掺铒薄膜在溅射过程中会在内部形成一定的残留应力，这些应力会在后续退火后大量释放，影响薄膜的表面质量。这些残留应力的大小可以通过调节沉积过程中的工艺参数进行优化，主要包括衬底温度、溅射功率、工作气压等。

　　（1）衬底温度直接影响着靶材溅射粒子在衬底表面的迁移与吸附能力，缓解薄膜与衬底的失配度；同时，衬底升温也有利于进行提前预热，在释放应力的同时对成膜过程中产生的缺陷进行回流，减小薄膜缺陷的数量。因此，适当提高衬底温度可有效减小成膜应力，实验中将衬底加热温度设置在 400 ℃左右。

（2）在工作气体（氩气，Ar）压强一定（0.5 Pa）时，溅射功率的优化如图3.17所示。可以看到，薄膜应力强度随着溅射功率的增加先增大后减小。溅射功率的变化对应着薄膜的沉积速率。沉积速率越大，晶粒平均尺寸就越小，薄膜中的缺陷也越多，因而薄膜应力将增大；过低的沉积速率影响成膜效率。结合薄膜的沉积速率和表面粗糙度（差异度）的优化，最终可将溅射功率设置在约225～250 W。

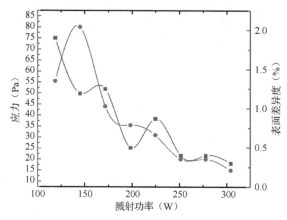

图3.17　氩气压强一定（0.5 Pa）时，薄膜表面应力与表面差异度随溅射功率的变化关系测试结果

（3）在溅射功率一定（250 W）时，溅射工作气体（氩气，Ar）压强的优化如图3.18所示。低气压下，腔内气体密度低，氩气分子的平均自由程高，被加速时间长，在电离后离子所带能量高，不断冲击薄膜使其处于压应力状态。随着氩气压强的适当增加，腔内气体密度升高，氩气分子的平均自由程减小，相互间的碰撞散射减弱了电离后离子的能量，使离子对薄膜的冲击作用减弱，薄膜结构变得相对疏松，有效减小了薄膜的压应力。结合薄膜的沉积速率优化，最终可将氩气压强设置在0.42 Pa左右。

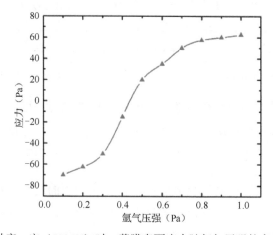

图3.18　溅射功率一定（250 W）时，薄膜表面应力随氩气压强的变化关系测试结果

3.3　掺铒薄膜发光性能测试

3.3.1　掺铒薄膜 PL 谱、发光寿命测试方法

光致发光（Photo Luminescence，PL）是指物质吸收光子（或电磁波）后重新辐射出光子（或电磁波）的过程。从量子力学理论上，这一过程可以描述为物质吸收光子跃迁到较高能级的激发态后返回低能态，同时放出光子的过程。对于稀土元素铒，通常采用 980 nm 或 1480 nm 的光作为泵浦光，打到掺铒薄膜上，探测发光光谱。

光致发光光谱（PL 谱）测试平台如图 3.19 所示，主要包括以下几部分。

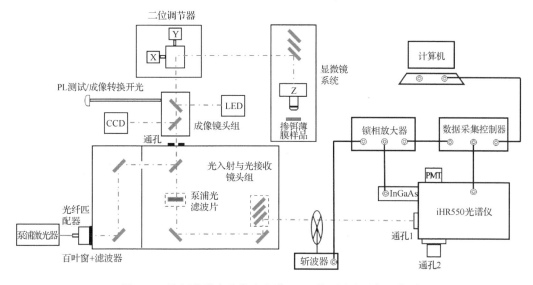

图 3.19　掺铒薄膜光致发光光谱（PL 谱）测试平台示意图

（1）泵浦入射模块。由泵浦激光器与光入射镜头组组成，负责将泵浦光高效地入射到样品表面。

（2）成像模块。由显微镜系统、调节器、发光二极管（Light Emitting Diode，LED）以及电荷耦合器件（Charge Coupled Device，CCD）组成，用于薄膜样品的表面成像与聚光。

（3）收光探测模块。由泵浦光滤波片、光入射与光接收镜头组、光谱仪（InGaAs 探测器）组成，用于接收薄膜的光致发光并探测，并通过泵浦光滤波片将反射回的泵浦光滤除。

（4）数据处理模块。由数据采集控制器和计算机组成，用于对探测器转化而来的电信号加以处理。

为了更好地滤除环境噪声，使测试谱线更加平滑，在系统中额外引入了一个锁相

放大模块，由斩波器（SR540）和锁相放大器（SR830）组成，用于对待接收的光致发光信号进行锁相放大优化，其基本原理如图 3.20 所示，通过斩波器将输出光斩成特定频率的交流信号，并通过锁相放大器（乘法+积分）进行同频放大，把与参考信号（斩波器频率）同频的信号检测出来并加以放大，而把与参考信号不同频的噪声信号抑制掉，最终形成相应的直流信号输出，大幅提高了测量的信噪比。

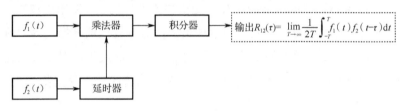

图 3.20　对光致发光信号的锁相放大优化原理图

在搭建好基础模块后，进一步优化输入光路（反射镜调节、泵浦光滤波片位置调节）、输出光路（反射镜头组调节、探测器调节）、成像光路以及放大光路，使平台测试到的光谱强度达到最高水平，同时拥有较高的信噪比，最终获得最佳的测试效果。

掺铒薄膜的光致发光寿命可从发光衰减曲线中得到，通常采用单指数衰减拟合。测试系统示意如图 3.21 所示，该系统架构基于上述光致发光测试系统，采用斩波器将输入的泵浦光斩成脉冲波形，形成脉冲激光束进入掺铒薄膜样品中。在脉冲泵浦光由上沿下降到下沿时，利用示波器对探测器转换的荧光谱电信号进行存储、读数。为提高信号幅值，将前置放大器（SR445A）接在探测器与示波器之间。SR445A 共有 4 级放大，根据需要选择级联级数，通常最多用两级级联，级联级数太多，信号会产生较大的失真，影响测量精度。

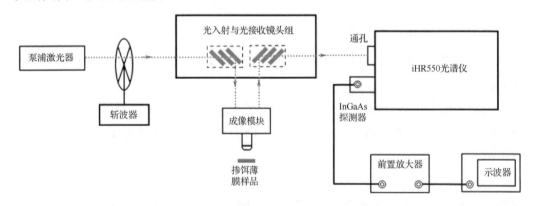

图 3.21　掺铒薄膜发光寿命测试系统示意图

值得注意的是，斩波频率的选取不宜过高或过低：过低的频率会使发光衰减曲线受到激光脉冲上下沿变化延时的影响；而过高的频率则会使激发态铒离子在非稳态状态下就开始衰减。实验中可将斩波频率选取为 20 Hz，在确保激发态铒离子维持稳态的同时，降低脉冲上下沿变化延时对发光衰减的影响。

寿命拟合依据发光能级的速率方程，薄膜的荧光强度正比于激发态能级的铒离子数目 $N_2(t)$，因此荧光衰减曲线具有 $N_2(t)$ 的形式，可以从该曲线中提取到薄膜的发光寿命。

3.3.2　掺铒氧化铝薄膜发光性能测试

图 3.22 分别给出了 10 K 和 300 K 下，在氧化的 $SiO_2/Si(100)$ 基体上提拉法制备的掺 0.1～1.5 mol% $Al_2O_3{:}Er^{3+}$ 薄膜的 PL 谱[10]。由图可见，均获得了中心波长为 1.533 µm 的 PL 谱，PL 强度随着测量温度的提高而下降。雷红兵等采用铒离子注入 SiO_2 也发现了类似的实验现象，PL 强度随着测量温度从 10 K 增加到 300 K 而降低到原来的二十分之一[11]。尽管薄膜也获得了室温发光，但与粉末相比，PL 强度明显较弱，这是由于受薄膜厚度的限制，处于激发态的 Er^{3+} 较少，导致 PL 强度较低。

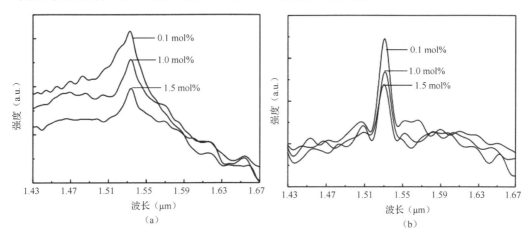

图 3.22　10 K 和 300 K 下测量在氧化 $SiO_2/Si(100)$ 基体上采用提拉法制备的掺 0.1～1.5 mol% $Al_2O_3{:}Er^{3+}$ 薄膜的 PL 谱

图 3.23 给出了 300 K 下，在 SiO_2 玻璃基体上采用提拉法制备的掺 1 mol% $Al_2O_3{:}Er^{3+}$ 薄膜的 PL 谱[10]。随着泵浦功率从 0.64 W 升高到 0.80 W，PL 谱的半峰宽和强度相应提高。

3.3.3　铒硅酸盐薄膜发光性能测试

对于铒硅酸盐薄膜，高 Er^{3+} 浓度会导致上转换和猝灭问题，因此通常在铒硅酸盐薄膜结构中加入钇离子（下文分析中写为 Y^{3+}）和镱离子（下文分析中写为 Yb^{3+}）以替代 Er^{3+}，并防止相邻的 Er^{3+} 引起上转换和猝灭。因此，进行了多次分析和优化以改进制备后的铒镱/钇硅酸盐薄膜的发光特性，包括 PL 强度和发光寿命。

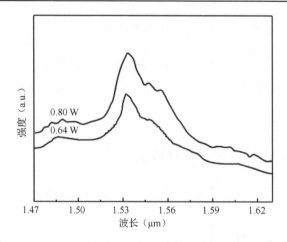

图 3.23　300 K 测量，在 SiO$_2$ 玻璃基体上采用提拉法制备的掺 1 mol% Al$_2$O$_3$:Er^{3+}薄膜的 PL 谱

对于铒钇硅酸盐薄膜，图 3.24（a）显示了在 654 nm 波长泵浦下、采用溶胶–凝胶方法在 Si(100) 衬底上制备的 Er$_x$Y$_{2-x}$SiO$_5$（x=0～2）薄膜的 PL 谱[1]。可以看出，对于不同 Er^{3+}浓度的 Er$_x$Y$_{2-x}$SiO$_5$薄膜，观察到相同的 PL 形状，主峰为 1.528 μm，对应于 Er$_2$SiO$_5$相的典型 PL 谱。这表明，所有样品的 Er^{3+}局部原子结构相似。然而，PL 强度在不同 Er^{3+}浓度下有显著变化。随着 Er^{3+}浓度从 25 at.%（x=2.0）降低到 1.25 at.%（x=0.1），PL 强度首先增加约 30 倍，然后当 Er^{3+}浓度进一步降低到 0.5 at.%时略有下降（x=0.04）。图 3.24（b）显示了 1400～1700 nm 的积分 PL 强度和衰减时间取决于 Er$_x$Y$_{2-x}$SiO$_5$薄膜的 x 值。当 Er^{3+}浓度从 23.75 at.%降低到 1.25 at.%时，衰减时间增加了约 100 倍。

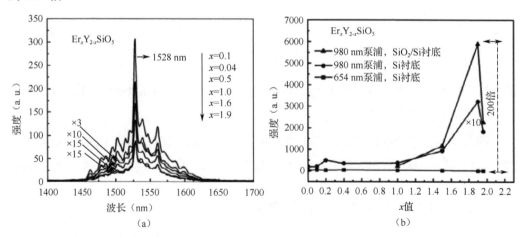

图 3.24　（a）Er$_x$Y$_{2-x}$SiO$_5$薄膜（x = 0～2）在 654 nm 波长泵浦下的 PL 谱。（b）1400～1700 nm 的积分 PL 强度和衰减时间

图 3.25 显示了上述 Er$_x$Y$_{2-x}$SiO$_5$薄膜的衰减时间[1]。对于 20 at.%和 23.75 at.%的高 Er^{3+}浓度（x=1.6 和 x=1.9），观察到快速衰减时间（约 20 μs），并且对于 1.25 at.%的低 Er^{3+}浓度，出现缓慢衰减时间（约 2 ms）（x=0.1）。结果可能表明，上转换的结合导致

在纯 Er_2SiO_5 中观察到的快速衰减。Y^{3+} 的添加完全分离了 Er^{3+}，削弱了 Er_2SiO_5 对 Er^{3+} 的上转换，导致非辐射跃迁率降低。它表明，PL 强度（约 30 倍）的增加可以部分解释为衰减时间的增加。

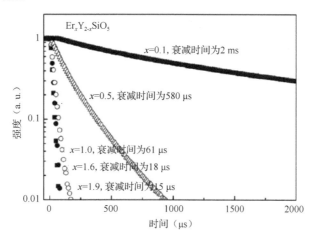

图 3.25　$Er_xY_{2-x}SiO_5$ 薄膜的衰减时间

在 654 nm 的泵浦波长下，通过优化 Y^{3+} 添加浓度，获得了 Er_2SiO_5 的 30 倍增强的 Er^{3+} 发光。通过添加 Y^{3+} 降低上转换和非辐射跃迁是 Er^{3+} 发光增强的两个主要原因。获得了 1.25 at.%（$x=0.1$）的优化 Er^{3+} 浓度，以获得超过 10 dB 的 $Er_xY_{2-x}SiO_5$ 薄膜增益。

对于铒镱硅酸盐薄膜，图 3.26（a）显示了在 654 nm 波长泵浦下、采用溶胶-凝胶方法在 Si(100) 衬底上制备的 $Er_{2-x}Yb_xSiO_5$[①]（x 取值 0～2）薄膜的 PL 光谱[2]。可以看出，在没有添加 Yb^{3+}（$x=0$）的情况下，Er_2SiO_5 相的主峰位于 1.528 μm 处的典型 PL 谱被观察到。与 Er_2SiO_5 相相比，随着 Yb^{3+} 浓度增加到 2.5 at.%（$x=0.2$），PL 谱没有显著变化。然而，当 Yb^{3+} 浓度进一步增加到 12.5% 以上（$x=1.0$）时，1.528 μm 处的峰强度变弱，在 1.535 μm 和 1.545 μm 处出现另外两个强峰。这表明，与低 Yb^{3+} 浓度的样品相比，Er^{3+} 的局部环境发生了变化。654 nm 泵浦波长下不同 Yb^{3+} 浓度的 1.53 μm 积分 PL 强度相似。为了研究 Yb^{3+} 对 Er^{3+} 的影响，使用 980 nm 波长的激光作为泵浦源。图 3.26（b）显示了 SiO_2/Si 衬底和 Si(100) 衬底上 $Er_{2-x}Yb_xSiO_5$ 薄膜的 1.53 μm 积分 PL 强度，与 980 nm 和 654 nm 泵浦波长下 Yb^{3+} 浓度的函数关系。980 nm 泵浦的 PL 强度比 654 nm 泵浦的 PL 强度显著增加。Si 衬底上的 $Er_{2-x}Yb_xSiO_5$ 薄膜的上述 10 倍增强的 PL 强度，是在 Yb^{3+} 浓度增加到 23.75 at.%（$x=1.9$）时获得的，然后，当 Yb^{3+} 浓度进一步增加到 24.5 at.% 时略有下降（$x=1.96$）。在增强 10 倍以上的基础上，通过在 980 nm 泵浦，观察到 SiO_2/Si 衬底上的 $Er_{2-x}Yb_xSiO_5$（$x=1.9$）薄膜的 PL 强度，比 Si 衬底上的 PL 强度又增强了 20 倍。

---

① 注：分子式 $Er_{2-x}Yb_xSiO_5$ 与 $Er_xYb_{2-x}SiO_5$ 无本质区别，仅为不同文献中的不同写法。

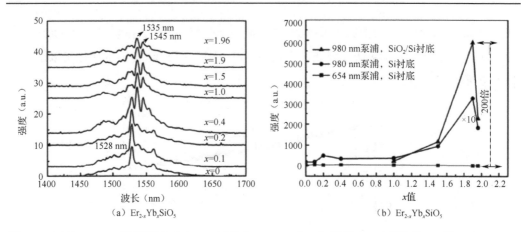

图 3.26 （a）在 654 nm 波长泵浦下 Si(100)衬底上 Er$_{2-x}$Yb$_x$SiO$_5$（x 取值 0～2）薄膜的 PL 谱，（b）1.53 μm SiO$_2$/Si 衬底和 Si(100)衬底在 980 nm 和 654 nm 泵浦波长处作为 Yb^{3+}浓度的函数

图 3.27 显示了上述 Er$_{2-x}$Yb$_x$SiO$_5$（x 取值 0～2）薄膜在 SiO$_2$/Si 衬底和 Si 衬底上的衰减时间[2]。对于 Si 衬底上的纯 Er$_2$SiO$_5$ 相，观察到约 20 μs 的快速衰减时间；对于 18.75 at.%（x=1.5）的高 Yb^{3+}浓度，在 SiO$_2$/Si 衬底上的 Er$_{2-x}$Yb$_x$SiO$_5$ 薄膜观察到约 0.7 ms 的缓慢衰减时间。随着 Yb^{3+}浓度进一步增加到 23.75 at.%（x=1.9）和 24.5 at.%（x=1.96），衰减时间变得更长（约 1.8 ms 和约 3.5 ms），是纯 Er$_2$SiO$_5$ 的 100 倍以上。与 Er$_2$SiO$_5$ 相比，由 SiO$_2$ 底层提供的较低量的 Er 和较高量的 O 可能导致更长的衰减时间。随着 Yb^{3+}添加物组分的增加，衰变时间的增加可以通过非辐射衰变通道数量的减少来解释，这可能涉及在高 Yb^{3+}浓度下减少 Er^{3+}的浓度猝灭。当相邻 Er^{3+}的距离变小时，Er^{3+}之间的能量转移变得非常有效。当它们遇到激发的 Er^{3+}时，能量最终消散到淬火中心，例如−OH。

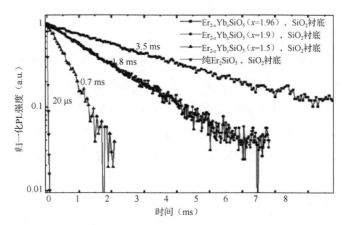

图 3.27 Er$_{2-x}$Yb$_x$SiO$_5$ 薄膜在 SiO$_2$/Si 衬底和 Si 衬底上的衰减时间

与 654 nm 泵浦的 Si 衬底上的纯 Er$_2$SiO$_5$ 薄膜相比，通过在 980 nm 泵浦，观察到 SiO$_2$/Si 衬底上的 Er$_{0.1}$Yb$_{1.9}$SiO$_5$ 薄膜的 PL 强度提高了 200 倍以上。可以得出结论，Er$_{0.1}$Yb$_{1.9}$SiO$_5$ 薄膜的上述两个量级的 PL 增强可能是由于较高的辐射跃迁率，并且

$Er_{0.1}Yb_{1.9}SiO_5$ 薄膜的所有 Er 离子都具有光学活性。

针对铒镱硅酸盐的另一种结构相也得到了研究，研究者们通过磁控共溅射方法在 Si 衬底上制备出了 α-$(Yb_{1-x}Er_x)_2Si_2O_7$ 薄膜。图 3.28（a）显示了在 1.6×10^{19} cm$^{-2}\cdot$s^{-1} 的低泵通量下在不同 Er^{3+} 含量下的一些迹线[3]。在同一图中，还有不含 Yb^{3+}（在铒钇硅酸盐中）的衰减曲线，具体为 1.6 at.%。可以看到，Er^{3+} 的寿命仅取决于 Er^{3+} 的含量，而不受 Yb^{3+}（或 Y^{3+}）的影响。已经通过衰减曲线的单指数拟合评估了所有样品的寿命值 $\tau_{1,Er}$，并在图 3.28（b）的右侧比例尺中报告。很明显，通过降低 N_{Er}，$\tau_{1,Er}$ 在 0.3～5.6 ms 之间变化。在 α-$(Yb_{1-x}Er_x)_2Si_2O_7$ 样品（黑色空心三角形）的情况下观察到相同的趋势。因此，$\tau_{1,Er}$ 行为只能与不涉及 Yb^{3+} 离子的 Er-Er 相互作用有关。对于最高的 N_{Er}，由于平均 Er-Er 距离较短，Er^{3+} 之间发生浓度猝灭，可以证明非常短的寿命是合理的。这种现象包括共振能量从第一激发能级的一个激发态 Er^{3+} 到基态附近的 Er^{3+} 的共振能量转移。因此，当遇到淬火中心时，能量最终会沿着样品传播。通过增加 N_{Yb} 并因此通过减少 N_{Er}，减少了有害的 Er-Er 相互作用。在图 3.28（b）中，1535 nm 处的 PL 强度数据作为 Yb^{3+} 和 Er^{3+} 含量的函数也进行了总结。$Er_2Si_2O_7$（N_{Yb} = 0 at.%）中的 Er^{3+} 已经证明了非常强的 PL 发射，因为所有 Er^{3+} 都是光学活性的。通过仅引入 2 at.% 的 Yb^{3+}，1535 nm 处的 PL 强度已经增加了 3 倍，尽管发射 Er^{3+} 从 18 at.% 减少到 16.5 at.%。通过进一步增加 N_{Yb}，PL 强度继续增加。

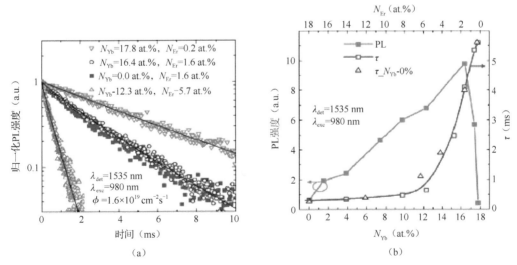

图 3.28　（a）α-$(Yb_{1-x}Er_x)_2Si_2O_7$ 在 1535 nm 处记录的不同 N_{Er} 的 PL 衰减。（b）作为 α-$(Yb_{1-x}Er_x)_2Si_2O_7$ 中 N_{Yb} 的函数，1535 nm 处的 PL 强度和寿命

为进一步探究铒镱硅酸盐薄膜的发光特性，研究者们还基于不同的溅射方式，分别采用了共溅射、交替溅射、混合靶溅射三种方法，对 $Er_{2-x}Yb_xSiO_5$ 薄膜做了更细致的分析与优化[12]。图 3.29（a）展示了 SiO_2/Si 衬底上共溅射的 $Er_{2-x}Yb_xSiO_5$（x 取值 0～1.8）薄膜的 PL 谱。实验中，在 $Er_1Yb_1SiO_5$（x=1）薄膜上观察到的 PL 谱只有一个典

型的主峰，位于 1528 nm，而在其他化学计量比的 $Er_{2-x}Yb_xSiO_5$（$x\neq1$）薄膜光谱中，出现了另外两个在 1535 nm 和 1545 nm 处的强峰。该结果表明，与 Er^{3+} 和 Yb^{3+} 浓度相近（$x=1$）的薄膜样品相比，Er^{3+} 的局部环境发生了变化。另一方面可以看到，$Er_{2-x}Yb_xSiO_5$ 的 PL 谱具有丰富的峰结构，主峰的全宽小于 4 nm，说明 Er^{3+} 处于一个更加有序的晶场中。在相对较高的 Yb^{3+} 浓度下，不同组分薄膜对应的 PL 峰位置基本相同，说明不同组分下铒镱硅酸盐的晶体结构和对称性基本相似。如图 3.29（a）的插图所示，$Er_{2-x}Yb_xSiO_5$ 薄膜的 1.53 μm 积分 PL 强度随 Yb:Er 比值的增大先增大后减小，表明 Yb^{3+} 对 Er-Er 合作上转换的抑制以及 Yb^{3+} 对 Er^{3+} 的敏化作用都会随着 Yb^{3+} 浓度的变化，进而影响薄膜的 PL 强度。可以发现，当 Yb^{3+} 浓度较低时，Yb^{3+} 对 Er^{3+} 上转换效应的抑制和敏化作用均不明显，相邻 Er^{3+} 之间的合作上转换效应会产生较强的非辐射跃迁，导致 Er^{3+} 浓度猝灭，因此，低 Yb^{3+} 浓度时，PL 强度不强。随着 Yb:Er 比值的增大，Yb^{3+} 的上转换抑制和敏化作用增强，所以 PL 强度变得更强。然而，在高浓度 Yb^{3+} 下，Yb^{3+} 对 Er^{3+} 上转换的抑制和泵浦敏化作用并没有像预期的那样继续促进光致发光，反而对光致发光起到负面作用。这是由于在这种情况下，一个处于激发态的 Er^{3+} 被处于高浓度的激发态 Yb^{3+} 包围，它接收来自 Yb^{3+} 的能量的概率比从另一个处于激发态的 Er^{3+} 高。因此，Yb^{3+} 直接参与的能量转移上转换过程比两个激发 Er^{3+} 之间的合作上转换过程更为明显。这一过程主要抑制了 PL 强度的进一步增加，甚至在高浓度 Yb^{3+} 时减弱了 PL 强度。可以得出结论，在 Yb^{3+} 浓度很低或很高的情况下，发光强度很差，Er^{3+} 与 Yb^{3+} 的比值必须设置在一个最佳值附近，该最佳的 Er:Yb 比值为 $1:5$（$x=1.67$），在共溅射条件下，最佳的发光强度比纯 Er_2SiO_5 薄膜提高了约两个量级。

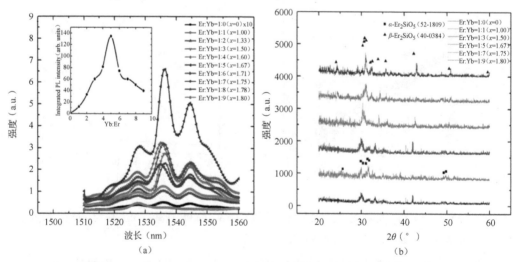

图 3.29　（a）共溅射 $Er_{2-x}Yb_xSiO_5$（x 取值 0～1.8）薄膜在 980 nm 波长泵浦下的 PL 谱。x 值（0～1.8）对应于不同的 Er:Yb 比值（1:0～1:9）。为了便于观察，将 Er_2SiO_5（$x=0$）薄膜的光谱的强度放大了 10 倍。插图：在不同的 Er:Yb 比值下，从 1510 nm 到 1560 nm 的积分 PL 强度；（b）共溅射 $Er_{2-x}Yb_xSiO_5$（$x=0$～1.8）薄膜的 XRD 谱图。三角形点对应于单斜结构的 Er_2SiO_5 相（JCPDS 40-0384），正方形点对应于另一个 Er_2SiO_5 相（JCPDS 52-1809）

图 3.29（b）展示了在 SiO_2/Si 衬底上共溅射 $Er_{2-x}Yb_xSiO_5$（x 取值为 $0\sim1.8$）薄膜的 XRD 图谱。从图中可以看到，薄膜最强的衍射峰在 $30°$ 附近，其次是稍弱的衍射峰，分别为 $33.2°$、$35.5°$ 和 $42°$。除 $Er_1Yb_1SiO_5$（$x=1$）薄膜外，上述峰与单斜 $\beta\text{-}Er_2SiO_5$ 晶体结构（JCPDS 40-0384）的衍射峰基本一致。

实验表明，$Er_{2-x}Yb_xSiO_5$（$x\neq1$）的薄膜中主要形成了具有单斜结构的 $\beta\text{-}Er_2SiO_5$ 晶相，该晶相在高温退火后很容易相变形成，并能产生 1528 nm、1535 nm 和 1545 nm 三个主要 PL 峰。当 Yb^{3+} 浓度增加到 $x=1.8$ 时，XRD 图谱无明显变化，表明 Yb^{3+} 和 Er^{3+} 在初始位置可以相互替代，所形成的 Er_2SiO_5 晶相结构没有变化，这对应于相同位置的 PL 峰。由于 Er^{3+} 半径（0.88 Å）略大于 Yb^{3+}（0.86 Å），Yb^{3+} 掺杂量越大，$Er_{2-x}Yb_xSiO_5$ 的晶胞体积将随 Yb^{3+} 占比的增加而变得越小。根据布拉格公式 $2d\sin\theta=\lambda$，随着晶面间距离 d 变小，X 射线衍射峰角度 θ 将向更大角度偏移，因此观察到的衍射峰会轻微向右偏移，如图 3.22（b）中所示。

值得注意的是，对于 $Er_1Yb_1SiO_5$（$x=1$）薄膜，可以观察到另一种晶相结构，其最大衍射峰分别为 $28.7°$ 和 $31.2°$。这些峰与 $\alpha\text{-}Er_2SiO_5$ 晶体结构（JCPDS 52-1809）的衍射峰基本一致。这种 $\alpha\text{-}Er_2SiO_5$ 晶相在低温退火后很容易相变形成，它与 1528 nm 的 PL 峰有关。当 Er^{3+} 和 Yb^{3+} 浓度接近时，$Er_1Yb_1SiO_5$（$x=1$）晶胞参数与纯 Er_2SiO_5 或 Yb_2SiO_5 晶胞相比偏差最大，因此向高温 β 相转变所需的能量也最大。1200 ℃ 的短时间退火时间不足以克服这一能量需求，因此 $Er_1Yb_1SiO_5$（$x=1$）薄膜在退火后仍以低温 α 相为主，呈现出不同的晶体结构。最终，当 $x=1$ 时，薄膜仅有一个 1528 nm 的 PL 峰，而当 $x\neq1$ 时，薄膜在 1535 nm 和 1545 nm 处的两个强峰应该来自 $\beta\text{-}Er_2SiO_5$ 相。

图 3.30（a）展示了在 SiO_2/Si 衬底上交替溅射 $Er_{2-x}Yb_xSiO_5$（x 取值 $0\sim1.8$）薄膜的 PL 谱。实验表明，PL 谱的变化趋势与共溅射法基本一致。在相同 Er^{3+} 和 Yb^{3+} 浓度（$x=1$ 和 $x=2$）的薄膜中观察到典型的 PL 谱，在 1528 nm 处只有一个主峰，而在其他 $Er_{2-x}Yb_xSiO_5$ 化学计量比下，在 1535 nm 和 1545 nm 处出现另两个强峰。值得注意的是，1535 nm 和 1545 nm 的 PL 峰强度随 $Er_{2-x}Yb_xSiO_5$ 化学计量比的变化而缓慢增加，1528 nm、1535 nm 和 1545 nm 三个峰的强度差别不大。

这些结果表明，交替溅射薄膜的主要成分不是高温 β 相，而是 α 和 β 相混合物。如图 3.30（a）的插图所示，薄膜的 1.53 μm 积分 PL 强度随 Er:Yb 比值的增大先增大后减小，最佳的 Er:Yb 比值也约为 $1:5$（$x=1.67$）。在交替溅射条件下，最佳的发光强度比纯 Er_2SiO_5 薄膜提高了约 60 倍。

图 3.30（b）展示了在 SiO_2/Si 衬底上交替溅射 $Er_{2-x}Yb_xSiO_5$（$x=0\sim1.8$）薄膜的 XRD 图谱。可以看出，这些图谱有两种衍射峰。一个来自 JCPDS 52-1809，另一个来自 JCPDS

40-0384。相对最强的峰在 30°和 31.2°附近。这表明，在交替溅射薄膜中都存在 α-Er$_2$SiO$_5$ 和 β-Er$_2$SiO$_5$ 晶体相结构。对于多层膜，Er$_2$SiO$_5$ 和 Yb$_2$SiO$_5$ 薄膜在界面处有效结合：

$$Er_2SiO_5 + Yb_2SiO_5 \rightarrow Er_{2-x}Yb_xSiO_5$$

然而，退火过程中需要额外的能量实现多层膜之间的扩散，因此退火过程中的相变过程是不够的。实验表明，退火后 α 相向 β 相的转变比例较小，交替溅射薄膜的晶体结构由 α 相和 β 相共同控制。同样值得注意的是，Er$_{2-x}$Yb$_x$SiO$_5$ 薄膜在相同的 Er^{3+} 和 Yb^{3+} 浓度（x=1 和 x=2）下仍以低温 α 相为主，原因与上文所述相同。

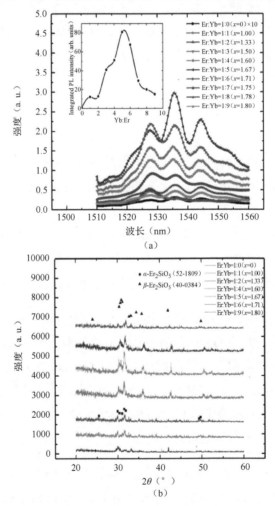

图 3.30　（a）交替溅射 Er$_{2-x}$Yb$_x$SiO$_5$（x 取值 0～1.8）薄膜在 980 nm 波长泵浦下的 PL 谱。x 值（0～1.8）对应于不同的 Er:Yb 比值（1:0～1:9）。为了便于观察，将 Er$_2$SiO$_5$（x=0）薄膜的光谱的强度放大了 10 倍。插图：在不同的 Er:Yb 比值下，从 1510 nm 到 1560 nm 的积分 PL 强度。（b）交替溅射 Er$_{2-x}$Yb$_x$SiO$_5$（x 取值 0～1.8）薄膜的 XRD 谱图。三角形点对应于单斜结构的 Er$_2$SiO$_5$ 相（JCPDS 40-0384），正方形点对应于另一个 Er$_2$SiO$_5$ 相（JCPDS 52-1809）

图 3.31（a）展示了通过混合靶溅射在 SiO_2/Si 衬底上的 $Er_{2-x}Yb_xSiO_5$（$x=0$、$x=1.50$、$x=1.67$、$x=1.75$ 和 $x=1.80$）薄膜的 PL 谱。荧光光谱的主峰位置与其他镀膜方式基本一致，分别对应于 1528 nm、1535 nm 和 1545 nm。混合靶溅射制备的薄膜的积分 PL 强度最强，表明该方法制备的铒镱硅酸盐薄膜在高温下的结晶度最大。如图 3.31（a）的插图所示，薄膜的 1.53 μm 积分 PL 强度的变化规律与其他两种方法相同。随着 Er:Yb 比值的增加，其先增大后减小，最佳 Er:Yb 比值也在 1:5 左右（$x=1.67$）。在混合靶溅射条件下，最佳的发光强度比纯 Er_2SiO_5 薄膜提高了约 250 倍。

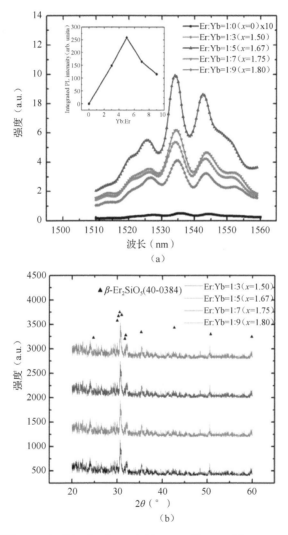

（a）

（b）

图 3.31　（a）混合靶溅射 $Er_{2-x}Yb_xSiO_5$（$x=0$、$x=1.50$、$x=1.67$、$x=1.75$、$x=1.80$）薄膜在 980 nm 波长泵浦下的 PL 谱。x 值（0、1.50、1.67、1.75 和 1.80）对应于不同的 Er:Yb 比值（1:0、1:3、1:5、1:7 和 1:9）。为了便于观察，将 Er_2SiO_5（$x=0$）薄膜的光谱放大了 10 倍。插图：在不同的 Er:Yb 比值下，从 1510 nm 到 1560 nm 的积分 PL 强度。（b）混合靶溅射 $Er_{2-x}Yb_xSiO_5$（1.50、1.67、1.75 和 1.80）薄膜的 XRD 图谱。三角形点对应于单斜结构的 Er_2SiO_5 相（JCPDS 40-0384）

图 3.31(b)展示了通过混合靶溅射在 SiO_2/Si 衬底上的 $Er_{2-x}Yb_xSiO_5$（$x=1.50$、$x=1.67$、$x=1.75$ 和 $x=1.80$）薄膜的 XRD 图谱。结果表明，混合靶溅射法和共溅射法的谱图基本一致，表明它们都形成了较好的 β-Er_2SiO_5 相晶格结构（JCPDS 40-0384）。薄膜展示了最强衍射峰在 30° 附近，其次是稍弱的衍射峰，分别为 33.2°、35.5° 和 42°。因此，在混合靶溅射和共溅射两种方法下，$Er_{2-x}Yb_xSiO_5$ 薄膜具有相同的晶体结构。

参 考 文 献

[1] X. J. Wang, G. Yuan, H. Isshiki, et al. Photoluminescence enhancement and high gain amplification of $Er_xY_{2-x}SiO_5$ waveguide. *J. Appl. Phys.*, 108(1), 013506 (2010).

[2] X. J. Wang, B. Wang, L. Wang, et al. Extraordinary infrared photoluminescence efficiency of $Er_{0.1}Yb_{1.9}SiO_5$ films on SiO_2/Si substrates. *Appl. Phys. Lett.*, 98(7), 079103 (2011).

[3] B. Wang, R. M. Guo, X. J. Wang, et al. Composition dependence of the Yb-participated strong up-conversions in polycrystalline ErYb silicate. *Opt. Mater.*, 34, 1289-1293 (2012).

[4] H. Isshiki, Y. Tanaka, K. Iwatani, et al. Highly oriented $Er_xY_{2-x}SiO_5$ crystalline thin films fabricated by pulsed laser deposition. (7th IEEE Int. Conf. on Group IV Photon., 2010) p. 5643342.

[5] T. Kimura, Y. Tanaka, H. Ueda, et al. Formation of highly oriented layer-structured Er_2SiO_5 films by pulsed laser deposition. *PHYSICA E.*, 41, 1063-1066(2012).

[6] K. Suh, M. Lee, J. S. Chang, et al. Cooperative upconversion and optical gain in ion-beam sputter-deposited $Er_xY_{2-x}SiO_5$ waveguides. *Opt. Express*, 18, 7724-7731 (2010).

[7] M. Miritello, P. Cardile, R. L. Savio, et al. Energy transfer and enhanced 1.54 μm emission in Erbium-Ytterbium disilicate thin films. *Opt. Express*, 19(21), 20761-20772 (2011).

[8] P. Cardile, M. Miritello, F. Priolo. Energy transfer mechanisms in Er-Yb-Y disilicate thin films. *Appl. Phys. Lett.*, 100, 251913 (2012).

[9] J. Rönn, W. Zhang, A. Autere, et al. Ultra-high on-chip optical gain in erbium-based hybrid slot waveguides. *Nature Communications*, 10, 432 (2019).

[10] 王兴军. 稀土掺杂氧化铝结构对光致发光特性的影响研究. 大连理工大学, 2004.

[11] 雷红兵, 杨沁清, 朱家廉, 等. 掺铒富硅氧化硅薄膜的光致发光. 半导体学报, 1999, 20(1): 67-71.

[12] P. Q. Zhou, X. J. Wang, Y. D. He, et al. Effect of deposition mechanisms on the infrared photoluminescence of erbium-ytterbium silicate films under different sputtering methods. *J. Appl. Phys.*, 125, 175114 (2019).

第4章 硅基集成掺铒光波导放大器

4.1 掺铒光波导放大器建模

对于掺铒光波导放大器，往往假设，单位体积内有 N_1 个位于 E_1 能级的原子，有 N_2 个位于 E_2 能级的原子，并且原子吸收能量从 E_1 能级跃迁到 E_2 能级的概率正比于 E_1 能级原子浓度 N_1 以及单位体积内的光子数。因而，原子向上跃迁的概率可以表示为

$$R_{12} = B_{12} N_1 \rho(v) \tag{4.1}$$

其中，R_{12} 是向上跃迁的概率；B_{12} 是比例系数，也称为爱因斯坦 B_{12} 比例系数；$\rho(v)$ 表示单位频率光子能量密度，或单位体积单位频率光子辐射能量，其光子能量 $hv = E_2 - E_1$。

光的放大主要由材料的增益谱决定，对于半导体材料，它是由态密度 $\rho(hv)$、费米转换因子 $f_g(hv)$ 和辐射寿命 τ_r 决定的。

$$\mathrm{d}\Phi(hv) = \mathrm{d}r_{stim}(hv) - \mathrm{d}r_{abs}(hv) = \frac{\lambda^2}{8\pi\tau_r} \rho(hv) f_g(hv) \Phi(hv) \mathrm{d}z = g(hv)\Phi(hv)\mathrm{d}z \tag{4.2}$$

其中，$\mathrm{d}r_{stim}$、$\mathrm{d}r_{abs}$ 分别是一定光子能量 hv 下的受激发射率和受激吸收率，$g(hv)$ 是增益系数，Φ 是光子流密度，$\mathrm{d}\Phi$ 是光子流量的变化。

$$f_g(hv, E_F^e, E_F^h, T) = [f_e(hv, E_F^e, T) - (1 - f_h(hv, E_F^h, T))] \tag{4.3}$$

其中，f_e 和 f_h 是电子-空穴对的热分布函数，E_F^e 和 E_F^h 分别是电子和空穴的准费米能级，在没有外泵浦的情况下，费米转换因子减少到简单的费米态，也就是对于一个空的导带和填满的价带，增益系数小于吸收系数，$f_g<0$。当外泵浦激发高密度的自由载流子时，准费米能级的劈裂增加，当 $E_F^e - E_F^h > hv$ 时，满足粒子数反转条件，$f_g>0$。这意味着上面的公式为正值，因此系统也显示正的增益。从上面公式可以看出，辐射寿命 τ_r 是一个关键的参数，寿命越短，增益越大。

对于铒原子系统，增益系数的表达式可表达为

$$g(hv) = \sigma_{em}(hv) N_2 - \sigma_{abs}(hv) N_1 \tag{4.4}$$

其中，σ_{em} 是发射截面，σ_{abs} 是吸收截面，其对应于光子能量 $hv=E_1-E_2$。N_2 和 N_1 分别代表铒离子激发态 $^4I_{13/2}(E_2)$ 和基态 $^4I_{15/2}(E_1)$ 能级中有源物质的铒离子数。如果发射截面和

吸收截面相等, 有正向增益的条件是 $N_2 > N_1$, 也就是实现粒子数反转。同样, 如果光在有源材料中传输, 光强会因光吸收而呈指数级下降。设 α_p 为光吸收系数, 只要这个材料的增益系数大于吸收系数, $g > \alpha_p$, 也就是增益大于损耗, 就可以获得光放大。如果该系统是长度为 L 的波导, I_t 和 I_o 分别为出射光强度和入射光强度, 则光放大因子由下式表达:

$$G = \frac{I_t}{I_o} = \exp[(\Gamma g - \alpha_p)L] > 1 \tag{4.5}$$

其中, Γ 为有源物质区光模场的限制因子。

结合上述材料的光吸收系数与增益系数, 通过速率-传输方程来设计与分析光波导放大器。即在建立完速率方程后, 进一步建立传输方程来描述波导中泵浦光、信号光和 ASE 噪声光的传输功率沿传输方向上的变化规律。

假设 z 方向为波导光传输方向, 依据速率方程, 将各能级上的铒、镱离子浓度、泵浦光、信号光以及 ASE 强度分离变量 (分离为 z 方向的分布以及 x-y 的横向分布):

$$\begin{cases} N_i(x,y,z) = \rho_{Er}(x,y)N_i(z), i = 1,2,3,4 \\ N_i^{Yb}(x,y,z) = \rho_{Yb}(x,y)N_i^{Yb}(z), i = 1,2 \\ I_{p,s}(x,y,z) = \Phi_{p,s}(x,y)P_{p,s}(z) \\ I_{ASE}^{\pm}(x,y,z,\nu_j) = \Phi_{ASE}(x,y)I_{ASE}^{\pm}(z,\nu_j) \end{cases} \tag{4.6}$$

其中, $\rho_{Er}(x,y)$、$\rho_{Yb}(x,y)$ 分别为铒离子、镱离子在波导截面 (横向) 的浓度分布函数。通常, 波导中的放大过程仅在传输方向上产生, 可假设离子浓度在垂直于波导传输方向上均匀分布, 即 $\rho_{Er}(x,y) = \rho_{Yb}(x,y) = 1$。引入泵浦光、信号光、ASE 噪声光在波导中的模场限制因子:

$$\begin{cases} \Gamma_{p,s} = \iint\limits_{A_c} \Phi_{p,s}(x,y)\rho_{Er}(x,y)dxdy \xrightarrow{\text{浓度均匀分布}} \iint\limits_{A_c} \Phi_{p,s}(x,y)dxdy \\ \Gamma_{ASE} = \iint\limits_{A_c} \Phi_{ASE}(x,y,\nu_j)\rho_{Er}(x,y)dxdy \xrightarrow{\text{浓度均匀分布}} \iint\limits_{A_c} \Phi_{ASE}(x,y,\nu_j)dxdy \end{cases} \tag{4.7}$$

其中, A_c 为波导芯区的横截面面积。$\Phi_s(x,y)$、$\Phi_p(x,y)$、$\Phi_{ASE}(x,y)$ 分别为泵浦光、信号光以及 ASE 噪声光的波导截面 (横向) 归一化光强分布函数。在稳态情况下, 泵浦光、信号光以及 ASE 噪声光的功率 P_s、P_p、P_{ASE} 沿波导传输方向 (z) 的功率变化可由下面的传输方程表示:

$$\begin{cases} \dfrac{\mathrm{d}P_{\mathrm{p}}(z)}{\mathrm{d}z} = -\varGamma_{\mathrm{p}}[\sigma_{13}N_1(z) + \sigma_{12}^{\mathrm{Yb}}N_1^{\mathrm{Yb}}(z) - \sigma_{21}^{\mathrm{Yb}}N_2^{\mathrm{Yb}}(z)]P_{\mathrm{p}}(z) - \alpha(v_{\mathrm{p}})P_{\mathrm{p}}(z) \\[3mm] \dfrac{\mathrm{d}P_{\mathrm{s}}(z)}{\mathrm{d}z} = \varGamma_{\mathrm{s}}[\sigma_{21}N_2(z) - \sigma_{12}N_1(z)]P_{\mathrm{s}}(z) - \alpha(v_{\mathrm{s}})P_{\mathrm{s}}(z) \\[3mm] \dfrac{\mathrm{d}P_{\mathrm{ASE}}^{\pm}(z,v_j)}{\mathrm{d}z} = \pm\varGamma_{\mathrm{s}}(v_j)[\sigma_{21}(v_j)N_2(z) - \sigma_{12}(v_j)N_1(z)] \times P_{\mathrm{ASE}}^{\pm}(z,v_j) \mp \\[3mm] \qquad\qquad \alpha(v_{\mathrm{s}})P_{\mathrm{ASE}}^{\pm}(z,v_j) \pm mhv_j\Delta v_j\varGamma_{\mathrm{s}}(v_j)\sigma_{21}(v_j)N_2(z), \ j = 1,2,\cdots,M \end{cases} \tag{4.8}$$

式中，$\alpha(v_{\mathrm{s}})$ 和 $\alpha(v_{\mathrm{p}})$ 分别是泵浦波长和信号波长处的传播损耗，m 是在信号波长传播的导模数，$P_{\mathrm{s}}(z)$、$P_{\mathrm{p}}(z)$、$P_{\mathrm{ASE}}(z)$ 分别为泵浦光、信号光以及 ASE 噪声光的功率。光波导放大器的泵浦方式分为三种情况，即前端单向泵浦、后端单向泵浦和两端双向泵浦。设 $P_{\mathrm{p}0}$ 和 $P_{\mathrm{s}0}$ 分别是输入泵浦功率和输入信号功率，波导长度为 L，则在不同的泵浦方式下，泵浦传输方程可采用下述形式。

（1）前端单向泵浦[$P_{\mathrm{p}}(z) = P_{\mathrm{p}}^{+}(z)$]

信号光、泵浦光同时从波导前端输入，边界条件为 $P_{\mathrm{s}}(0)=P_{\mathrm{s}0}$，$P_{\mathrm{p}}(0)=P_{\mathrm{p}0}$。

$$\dfrac{\mathrm{d}P_{\mathrm{p}}(z)}{\mathrm{d}z} = -\varGamma_{\mathrm{p}}[\sigma_{13}N_1(z) + \sigma_{12}^{\mathrm{Yb}}N_1^{\mathrm{Yb}}(z) - \sigma_{21}^{\mathrm{Yb}}N_2^{\mathrm{Yb}}(z)]P_{\mathrm{p}}(z) - \alpha(v_{\mathrm{p}})P_{\mathrm{p}}(z) \tag{4.9}$$

（2）后端单向泵浦[$P_{\mathrm{p}}(z) = P_{\mathrm{p}}^{-}(z)$]

信号光从波导前端输入，泵浦光从波导后端输入，边界条件为 $P_{\mathrm{s}}(0)=P_{\mathrm{s}0}$，$P_{\mathrm{p}}(L)=P_{\mathrm{p}0}$。

$$\dfrac{\mathrm{d}P_{\mathrm{p}}(z)}{\mathrm{d}z} = \varGamma_{\mathrm{p}}[\sigma_{13}N_1(z) + \sigma_{12}^{\mathrm{Yb}}N_1^{\mathrm{Yb}}(z) - \sigma_{21}^{\mathrm{Yb}}N_2^{\mathrm{Yb}}(z)]P_{\mathrm{p}}(z) + \alpha(v_{\mathrm{p}})P_{\mathrm{p}}(z) \tag{4.10}$$

（3）双向泵浦[$P_{\mathrm{p}}(z) = P_{\mathrm{p}}^{+}(z) + P_{\mathrm{p}}^{-}(z)$]

信号光从波导前端输入，泵浦光从波导前后端同时输入，边界条件为 $P_{\mathrm{s}}(0)= P_{\mathrm{s}0}$，$P_{\mathrm{p}}^{+}(0)= P_{\mathrm{p}}^{-}(L)=P_{\mathrm{p}0}$。

$$\dfrac{\mathrm{d}P_{\mathrm{p}}^{\pm}(z)}{\mathrm{d}z} = \mp\varGamma_{\mathrm{p}}[\sigma_{13}N_1(z) + \sigma_{12}^{\mathrm{Yb}}N_1^{\mathrm{Yb}}(z) - \sigma_{21}^{\mathrm{Yb}}N_2^{\mathrm{Yb}}(z)]P_{\mathrm{p}}(z) \mp \alpha(v_{\mathrm{p}})P_{\mathrm{p}}(z) \tag{4.11}$$

上述三种泵浦方式下，正、反向的 ASE 噪声在波导端面处的光功率均为 0，即 $P_{\mathrm{ASE}}^{+}(0,v_j) = P_{\mathrm{ASE}}^{+}(L,v_j) = 0$，$j = 1,2,\cdots,M$。最终，结合速率-传输方程，可以将波导放大器的内部信号光增益 $G(z)$、噪声系数 $F(z)$ 和总的正向-反向 ASE 功率 $P_{\mathrm{ASE}}^{\pm}(z)$ 写为

$$G(z)(\text{dB}) = 10\lg\left[\frac{P_\text{s}(z)}{P_\text{s}(0)}\right] \tag{4.12}$$

$$F(z)(\text{dB}) = 10\lg\left[\frac{1}{G(z)} + \frac{P_\text{ASE}^+(z, v_\text{s})}{G(z)hv_\text{s}\Delta v_\text{s}}\right] \tag{4.13}$$

$$P_\text{ASE}^\pm(z) = \sum_{j=1}^{M} P_\text{ASE}^\pm(z, v_j) \tag{4.14}$$

4.2　光波导放大器结构设计

光波导放大器的结构选择与增益材料的制备、刻蚀性能有关。掺铒增益材料在工艺上较难刻蚀，因此通常采用间接的波导引导模式，利用其他材料的波导结构对增益层中的光场进行导模。但由于泵浦或信号光在导模的波导中不与铒离子相互作用，并不产生吸收或放大，因此需要通过设计保证光场有效地进入有源层。

波导尺寸设计主要是针对波导几何横截面积设计，如波导高度、宽度等。波导截面设计取决于波导芯层与有源材料的折射率差，它影响着光在有源层传播的限制因子。若采用低折射率材料导模，如二氧化硅等，波导中的折射率差较小，波导的横截面积将与光纤相似（大于 $10\ \mu\text{m}^2$）。一个较大波导的横截面通常允许一个较大的模场直径。光场会更多地集中在增益材料中，这增加了每个铒离子的光学强度，从而提高了受激吸收/辐射率，增强了器件的增益效果。

若采用低折射率材料导模，波导的导模作用相对较弱，容易造成光场的发散，同时，掺铒材料的表面粗糙度问题，也会为器件引入更多的传输损耗。若采用高折射率材料导模，如氮化硅、硅等，可以有效减小波导截面积（小于 $5\ \mu\text{m}^2$），波导的导模作用更强，光场发散较小，波导传输损耗低，且高的折射率差可以换来小的弯曲半径，进而实现布局上的优化。但较高的折射率差使波导中的光场更强地被束缚在导模波导中，很难进入增益层，对波导的增益产生影响。

总之，由折射率差导致的波导增益与传输损耗间的折中尤为重要。通过对平面波导模式解的严格数学讨论，可以设计出低损耗的光波导结构。通常，低损耗光波导的设计包括导模设计和损耗分析。

4.2.1　硅基掺铒薄膜混合型光波导放大器

对于难刻蚀的增益材料，混合型波导结构是放大器件设计的首要选择。如图 4.1 所示，首先采用易刻蚀的高折射率材料（硅、氮化硅）制作成低损耗的导模波导，然后沉积掺铒有源材料，这样就避免了掺铒材料的刻蚀。由于这些高折射率的波导材料刻蚀工艺成熟，侧壁粗糙度小，因此形成的混合型光波导放大器的传输损耗也相对较小。但是，由于光场主要分布在高折射率区域，泵浦光在有源材料区域分布较少，导致泵浦效率相对较低。

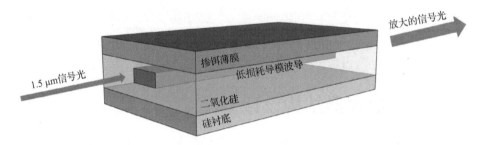

图 4.1　硅基掺铒薄膜混合型光波导放大器结构示意图

该混合型波导结构由两部分组成：芯层波导，由高折射率的氮化硅或硅制备，作为导向介质有助于与周围的包层材料进行内部反射；包层，主要由掺铒增益介质和氧化硅组成。这种混合型波导的边界条件并不仅限于芯层，因为相当一部分功率是在增益层中以倏逝波（evanescent wave）方式引导的，被称为倏逝场。为了调节芯层的限制作用，保证增益层中的光场分布，在芯层波导与增益层之间添加一层氧化硅介质。对于波导结构的设计，其核心对波导的芯部几何结构进行精心设计，以保证波导的单模传输。除了建模简单，设计单模波导还有许多优点。首先，高阶模在混合波导结构中的场束缚作用较弱，降低了芯层的导模作用，也为波导带来较大的弯曲损耗。其次，高阶模有不同的传播常数，导致模态色散，对应不同的传播速度也限制了放大器的调制速度。

对混合型矩形波导的建模可以采用等效折射率法。假设波导角区中光的传输功率极小，且大部分光功率集中在波导芯层中传输，电磁场的基本模式与横电磁模（TEM模）类似。此时混合型矩形波导中主要有以下两种传输模式：一种是 E_{mn}^{y} 模，该模式下电场沿 y 方向偏振，E_y 和 H_x 为主要的电磁场分量（H_y 约为 0）；另一种是 E_{mn}^{x} 模，该模式下电场沿 x 方向偏振，H_y 和 E_x 为主要的电磁场分量（E_y 约为 0）。其中，m 和 n 分别为 x 和 y 方向上的模式阶数。本质上，等效折射率法将该矩形波导结构近似为两组平板波导。如图 4.2 所示，首先，在波导高度方向上将矩形波导近似为一个平板波导。接下来，在宽度方向上等效为第二个平板波导，并用第一个平板的有效折射率（N_1）作为其芯层。最终可以得到整个混合波导的有效折射率（N）。

有效折射率近似后，该混合型矩形波导所满足的亥姆霍兹方程可采用分离变量法在宽度（w）、高度（h）方向上进行分解，简化为两个等效平板波导所对应的横向亥姆霍兹方程。结合波导介质层处的边界条件对等效后的两个方程求解，可得两个方向上的特征方程：

$$\begin{cases} k_0\sqrt{n_1^2 - N_1^2}\,h = n\pi + \arctan\sqrt{\dfrac{N_1^2 - n_2^2}{n_1^2 - N_1^2}} + \arctan\sqrt{\dfrac{N_1^2 - n_3^2}{n_1^2 - N_1^2}} \\[2ex] k_0\sqrt{N_1^2 - N^2}\,w = m\pi + 2\arctan\dfrac{N_1^2}{n_2^2}\sqrt{\dfrac{N^2 - n_2^2}{N_1^2 - N^2}} \end{cases} \tag{4.15}$$

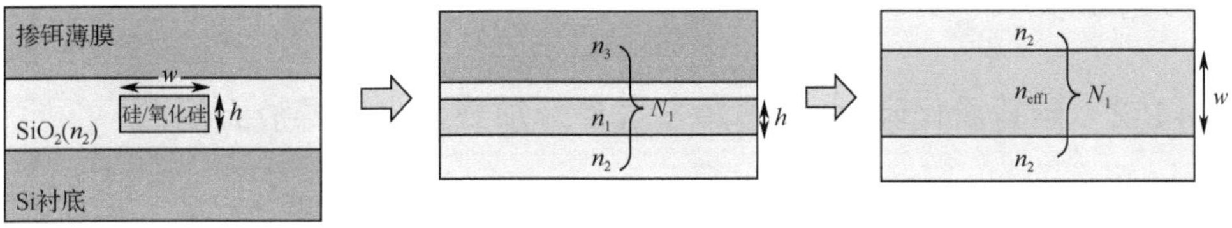

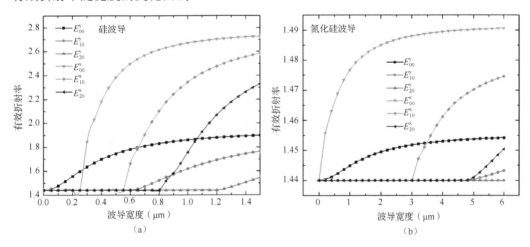

图 4.2　硅基掺铒薄膜-硅/氮化硅混合波导的等效示意图

其中，$m=0, 1, 2, \ldots$，$n=0, 1, 2, \ldots$，分别对应波导模式在 x 和 y 方向的阶数；w 和 h 分别对应波导的宽度和高度。对于平面集成光路，波导厚度沉积的工艺参数相对较小，相较之下，波导宽度的刻蚀工艺参数精度更难控制。因此，需进一步探究波导有效折射率与单模芯区宽度的关系，以评估波导制造和设计中的工艺容差。以工艺标准 220 nm 厚度的硅波导（或厚度 100 nm 的氮化硅波导）为例，该波导芯层由下层 $n_2=1.45$ 的氧化层和上层 $n_3=1.67$ 的增益层包覆（其中，增益层与波导层之间的调节氧化层通常很薄，远薄于增益层厚度，因此，上包层主要考虑增益层的影响）。图 4.3 给出了硅基波导的有效折射率随宽度的变化曲线。

图 4.3　硅基波导的有效折射率随宽度的变化曲线

可以看到，无论是对硅波导还是氮化硅（Si_3N_4）波导，均可以找到最高的有效折射率，对应波导内部的最高功率分数。同样，当模场被挤出包层时，有效折射率随着尺寸的减小而减小。对于最小宽度，有效折射率渐近接近包层折射率。对于最大宽度，有效折射率稳定在与波导高度成比例的水平上。从图 4.3（a）可以看出，对于 220 nm 厚的硅波导，随着波导宽度的增加，更多的导模在芯部传播。E_{10}^x 的截止宽度约为 520 nm，而 E_{10}^y 的截止宽度约为 640 nm。因此，波导的宽度应控制在 520 nm 以内，以避免高阶模式的传输。从图 4.3（b）可以看出，对于厚度为 100 nm 的氮化硅波导，E_{10}^x 的截止宽度约为 3 μm，而 E_{10}^y 的截止宽度约为 4.8 μm，为了避免高阶模式传输，波导宽度应设置在 3 μm 以内。

4.2.2　硅基氮化硅-掺铒薄膜多层条形加载型光波导放大器

条形加载型波导结构是另一种有效的器件设计。在沉积完有源材料（掺铒薄膜）后，接着往薄膜上加载低折射率易刻蚀材料的长条，如二氧化硅。由于光场主要集中在有源材料区域，因此，加载长条侧壁的粗糙度对传输损耗的影响相对较小。根据此基本结构，本节设计了一种硅基氮化硅（Si_3N_4）-掺铒薄膜多层条形加载型光波导放大器，如图 4.4（a）所示。这种结构有三个主要特点。首先，采用氮化硅-掺铒薄膜的多层交替结构有效降低了波导损耗。氮化硅薄膜本身的光损耗很低，可以与掺铒薄膜交替混合作为亚层，大大降低波导的传输损耗。其次，由于氮化硅的热膨胀系数介于衬底和掺铒薄膜之间，因此氮化硅层也可以作为热膨胀缓冲层。因此，氮化硅-掺铒薄膜所组成的多层交替结构还可以有效抑制高温退火后薄膜的应力，降低表面损耗。再次，条形加载型氧化硅波导避免了掺铒薄膜的刻蚀问题，形成很好的导模作用。此外，氮化硅比掺铒薄膜（折射率为 1.67）具有更高的折射率（2.0）。上下两层氮化硅可以更好地将光场限制在增益区，减少了光场向衬底的泄漏，提高了限制因子。在增益层和条形加载型波导之间增加氧化隔离薄层，保证了光信号的单模传输，更有效地控制了波导的导模状态。

器件结构截面参数如图 4.4（b）所示。波导结构设计包括条形加载型波导的宽度和高度、有源交替层厚度以及氧化隔离薄层厚度。其关键是提高加载区对光场的限制能力，以保证最佳的导模与增益效果，同时提高泵浦光（980 nm）与信号光（1535 nm）的重叠强度，如图 4.5（a）所示，可以基于式（4.4）对这两个限制区域的限制因子进行计算。器件中将掺铒薄膜单层厚度 t_{Er} 控制在 500 nm 左右，以保证较好的镀膜质量。且需保证衬底氧化层厚度 $t_{oxide\,substrate}$ 大于 5 μm，以防止光场向衬底的泄漏。

（1）对于条形加载型波导的宽度 $W_{strip-loaded}$ 设计，如图 4.5（b）所示，当条形加载波导宽度较小时，加载区对信号光（1535 nm）光场的限制作用很弱，且为多模传输，无法形成导模作用。随着条形加载型波导宽度的增加，加载区对光场的限制作用逐渐增强，波导对光场的导模作用提升，最终截面中的光场模斑基本全集中在加载波导下方的增益层中，限制因子达到最大。但过宽的加载区使光场模斑逐渐扁平，以至于无法继续保证单模传输。此外也可以看到，增益层中的限制因子随着加载波导宽度略微下降，但光场大部分仍基本集中在增益层中，保证了较好的增益效果。最终，加载波导宽度选取在 5～6 μm 范围内。

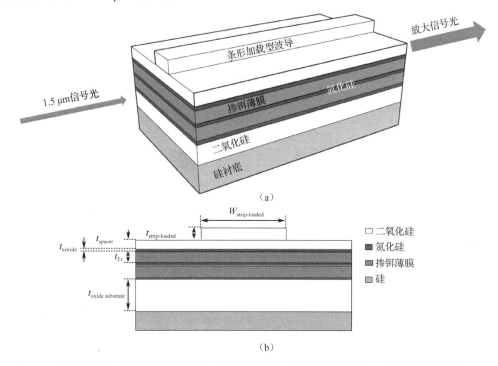

（a）

（b）

图 4.4　硅基氮化硅-掺铒薄膜多层条形加载型光波导放大器的结构示意图（a）与截面参数图（b）

（2）对于条形加载型波导的厚度 $t_{strip\text{-}loaded}$ 设计，如图 4.5（c）所示，与宽度的影响类似，当条形加载型波导厚度较薄时，加载区对信号光（1535 nm）光场的限制作用很弱，无法单模传输。随着厚度的增加，加载区的限制因子迅速增大，当超过 0.5 μm 厚度时，限制因子达到最大值，此时波导对光场的导模作用已达最优，继续增加厚度，加载波导对增益层中光场的影响几乎很小。此外，截面中的光场也基本集中在增益层中，保证了较好的增益效果。最终，加载波导厚度选取在 0.5 μm 左右。

（3）添加在条形加载型波导和增益层之间的二氧化硅隔离薄层（spacer）也是十分重要的。如图 4.5（d）所示，当无此隔离薄层时，截面中几乎没有信号光（1535 nm）光场分布，条形加载型波导无法形成有效模式，随着隔离薄层厚度 t_{spacer} 的增加，波导中逐渐形成单模传输。随着隔离薄层厚度的增加，加载区对光场的束缚作用越来越弱，光场向整个增益区中横向扩散，但基本集中在增益层，确保了增益效果。最终，二氧化硅隔离薄层厚度选取在 140 nm 左右。

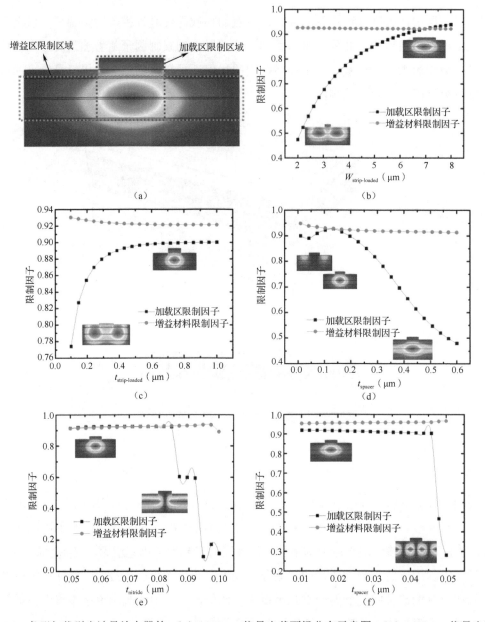

图 4.5　条形加载型光波导放大器的：（a）1530 nm 信号光截面场分布示意图；（b）1530 nm 信号光限制因子随条形加载型波导宽度的变化关系；（c）1530 nm 信号光限制因子随条形加载型波导厚度的变化关系；（d）1530 nm 信号光限制因子随隔离薄层（spacer）厚度的变化关系；（e）1530 nm 信号光限制因子随氮化硅亚层厚度的变化关系；（f）980 nm 泵浦光限制因子随氮化硅亚层厚度的变化关系

　　（4）氮化硅亚层的厚度 t_{nitride} 不仅影响薄膜的应力补偿过程（如 3.2 节所讨论），也会改变波导截面的有效折射率，进而影响泵浦光（980 nm）与信号光（1535 nm）在增益层中的重叠强度。对于信号光（1530 nm）的传输，如图 4.5（e）所示，无论是加载区还是增益区，光限制因子随氮化硅层厚度变化很小。但当氮化硅亚层厚度超过

0.08 μm 时，由于截面有效折射率的大幅变化，将无法形成信号光单模传输，此时会产生较大传输损耗；对于泵浦光（980 nm）的传输，如图 4.5（f）所示，当氮化硅亚层厚度超过 0.08 μm 时，将无法形成泵浦光单模传输，影响泵浦的吸收效率。最终，就应力补偿和截面模式分析，氮化硅亚层的厚度应选取在 40 nm 左右，以保证最佳的信号传输与泵浦效率。

4.2.3　硅基掺铒薄膜-氮化硅狭缝型光波导放大器

狭缝型（slot）波导结构是一种高折射率对比结构。单狭缝结构由两根平行的高折射率材料的波导组成（如硅和氮化硅），波导中间的狭缝中填充低折射率的材料，以形成较高的折射率对比度。狭缝型波导的强光场限制作用使其具有相对较高的限制因子。将中间狭缝区域填充成有源材料，可以实现比较大的模式增益。对于在狭缝区域的增益材料（掺铒薄膜），增强的电场和高限制因子可以提高光和物质相互作用。由于 Purcell 作用，狭缝区域的局域态密度也会增加，进而可以提高激发态 Er^{3+} 的辐射速率。根据此基本结构，设计了一种硅基掺铒薄膜-氮化硅狭缝型光波导放大器，如图 4.6（a）所示。采用氮化硅波导，其优势在于传输损耗较小，同时折射率较硅相对较低（2.0），能够减少光场在氮化硅波导中的分布，从而提高在增益介质中的限制因子；掺铒薄膜-氮化硅的混合型狭缝型波导结构，能够保证光场更多地集中在狭缝中，从而增加泵浦光和信号光在增益介质中的重叠面积，提高泵浦利用率。同时，狭缝型波导结构的光场增强作用，也提高了波导中的增益效果。

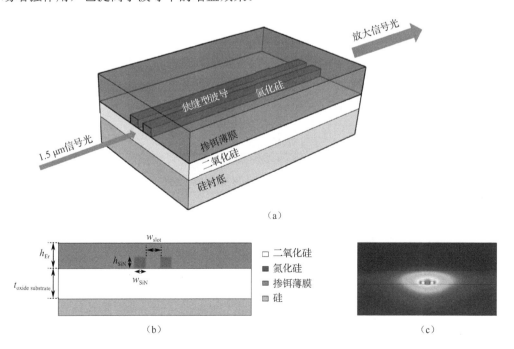

图 4.6　硅基掺铒薄膜-氮化硅狭缝型光波导放大器的结构示意图（a）、截面参数图（b）和光场分布图（c）

波导的结构参数如图4.6（b）所示，包括增益介质厚度（h_{Er}）、狭缝宽度（w_{slot}）、氮化硅波导宽度（w_{SiN}）以及高度（h_{SiN}）设计。为了优化器件性能，需要保证光场更多地集中在狭缝中，以确保增益层与光场的耦合作用。与条形加载波导设计思路相同，参数的选取主要依据狭缝中的光场限制因子的大小，其光场分布如图4.6（c）所示。

2019年，芬兰阿尔托大学的研究者们基于原子层沉积技术制备了氮化硅-掺铒氧化铝（$Al_2O_3{:}Er^{3+}$）狭缝型光波导放大器，实现了（20.1 ± 7.31）dB/cm的净增益和（52.4±13.8）dB/cm的材料增益[1]。如图4.7所示。

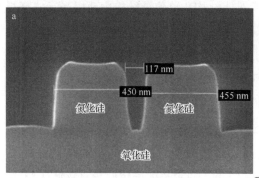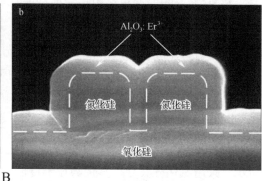

图4.7　在氮化硅狭缝型波导上，基于原子层沉积技术制备掺铒氧化铝薄膜

总的来说，对于工艺上难刻蚀的掺铒薄膜材料，可通过设计混合波导、条形加载波导、狭缝型波导结构实现放大器件的设计。实际应用中，混合波导常常可与低损耗波导相结合，实现很好的模式传输，是最为常用的一种方案，但涉及增益与损耗折中设计；条形加载波导避免了波导侧壁粗糙度对波导传输的问题，使光场集中在增益层，具有更高的增益效果，但由于加载波导结构需要在沉积增益材料后再进行制备，对掺铒薄膜的表面质量有更高的要求；狭缝型波导结构虽具有很强的光场相互作用，但需要材料间更高的折射率差，且制备工艺相对复杂，目前在掺铒薄膜波导器件设计中还存在很大的不足。因此，在后续器件的结构选择中，仍然以混合波导与条形加载波导结构为主。在波导结构设计之后，依据结构参数，可对其传输损耗进行评估，并通过结合掺铒材料体系的速率-速率传输方程，对其放大特性有一个很好的预测。

4.3　波导损耗分析

探究基于掺铒材料体系的波导损耗机制是后续实现低损耗波导器件的关键。一般来说，波导的传输损耗是由以下一种或多种因素引起的：光散射，吸收，与其他导模的耦合。一些损耗是由于波导制备过程或增益材料本身特性而固有形成的，而其他一些损耗则可归因于波导设计。波导损耗机制主要包括辐射性损耗（散射损耗、弯曲损耗）、吸收性损耗（材料线性、非线性效应）、耦合损耗（波导模式耦合、衬底泄漏）。

4.3.1　散射损耗

粗糙的波导芯层/包层界面引起的光散射是掺铒混合波导（高折射率对比度）主要的传输损耗来源。粗糙度通常局限于波导侧壁以及薄膜表面，图 4.8 中给出的是蚀刻与沉积工艺的结果示意。

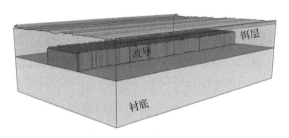

图 4.8　掺铒混合波导的粗糙度损耗示意图

对于波导侧壁，其粗糙度大小（振幅）可表示为垂直于波导侧壁的粗糙波动（σ），其分布可表征为沿波导传输方向上的一维粗糙度函数 $f(z)$，如图 4.9 所示。波导侧壁粗糙度是波导宽度的随机波动，可以用其振幅和空间频率分量的分布来表征。在粗糙度引起的散射损耗分析中，定义波导传输方向上的粗糙度分布具有零平均值，即

$$\int_{-\infty}^{\infty} f(z)\mathrm{d}z = 0 \tag{4.16}$$

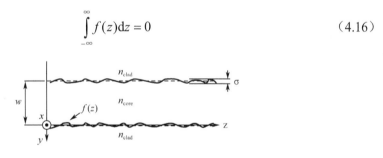

图 4.9　侧壁粗糙度函数 $f(z)$ 的示意图

粗糙度振幅（σ）表示 $f(z)$ 与波导宽度 w 的标准偏差或均方根偏差。可通过扫描电子显微镜（SEM）或原子力显微镜（AFM）设备测量粗糙度的离散分布，因此，σ 可通过以下方式表征：

$$\sigma = \sqrt{\frac{1}{N-1}\sum_{i=1}^{N}(y_i - \overline{y})^2} \tag{4.17}$$

其中，N 为测试次数，y_i 为 $f(z)$ 在第 i 次测量中的值，$\overline{y}$ 为 N 次测量 y_i 的平均值。对于给定粗糙度函数，其周期性可以用自相关函数 $R(u)$ 来表征：

$$R(u) = \overline{f(z)f(z+u)} = \lim_{T \to \infty} \frac{1}{2T}\left[\int_{-T}^{T} f(z)f(z+u)\mathrm{d}z\right] \qquad (4.18)$$

自相关函数是衡量函数与自身相似程度的一种方法。对于随机分布，$R(u)$ 通常是一个光滑的单峰函数，如高斯分布。粗糙度的功率谱密度（Power Spectral Density，PSD）由自相关函数 $R(u)$ 的傅里叶变换给出：

$$\tilde{R}(\xi) = \int_{-\infty}^{\infty} R(u)\mathrm{e}^{i\xi u}\mathrm{d}u \qquad (4.19)$$

PSD 可以看作 $f(z)$ 中包含的每个空间频率分量（ξ）的量。通过 PSD 函数可以得到空间频率分量的分布。然而，用直接测量波导侧壁粗糙度的方式来求 $f(z)$ 是实验上的难点，目前主要通过测量光刻掩模的线边缘粗糙度（Line Edge Roughness，LER）和 AFM 来估计侧壁粗糙度[2]。各种波导粗糙度的研究[3-6]均表明，侧壁粗糙度的自相关函数可以很好地近似为

$$R(u) \approx \sigma^2 \mathrm{e}^{-\left(\frac{|u|}{L_\mathrm{c}}\right)} \qquad (4.20)$$

其中，L_c 是粗糙度的相关长度，其大小与粗糙度的长度有关。对于高折射率差的混合波导，L_c 值通常低于 200 nm[7]，在 50 nm 附近[2][7]。将式（4.20）代入式（4.19），我们发现侧壁粗糙度的 PSD 为 $1/L_\mathrm{c}$ 的洛伦兹函数形式：

$$\tilde{R}(\xi) \approx \frac{2\sigma^2 L_\mathrm{c}}{1 + L_\mathrm{c}^2 \xi^2} \qquad (4.21)$$

基于粗糙度的散射损耗模型可基于 Payne-Lacey 理论。该理论拟合了波导结构中主传输模式与两个粗糙侧壁的相互作用，利用体积电流法（Volume Current Method，VCM）得到了粗糙度散射损耗的解析数值。假设两个侧壁为随机波动，具有相同的分布且彼此不相关，可以用一维粗糙度函数 $f(z)$ 表征，其沿波导轴的平均分布为零，如式（4.13）所示。结合波导中粗糙度对导波功率的散射来计算传输损耗。通过改写波动方程中的折射率分布，引入粗糙度的影响：

$$\nabla^2 \boldsymbol{E}_x(y,z) + k_0^2 n_\mathrm{clad}^2 \boldsymbol{E}_x(y,z) = k_0^2(n_\mathrm{clad}^2 - n_\mathrm{core}^2)U[f(z) - |y|]\boldsymbol{E}_{x,\mathrm{ideal}}(y,z) \qquad (4.22)$$

用单位阶跃函数 $U[f(z) - |y|]$ 来表示粗糙度引起的折射率波动，$f(z) > |y|$ 对应于芯层折射率 n_core，$f(z) < |y|$ 对应于包层折射率 n_clad。上式的右侧在数学上相当于电流源，并充当波导的辐射源。换言之，波导电场与粗糙侧壁的相互作用等效为在芯层-包层界面产生振荡电荷，该电荷从导模辐射能量。方程（4.22）的解采用格林函数的形式，可以得到 $\boldsymbol{E}_x(y,z)$ 空间辐射场的远场模式。经过几个代数步骤、傅里叶变换和转换坐标

系，最终求得侧壁粗糙度散射损耗 α_{sidewall}（定义为单位长度的辐射功率除以导模功率）
如下所示：

$$\alpha_{\text{sidewall}} = \varphi^2(w)(n_{\text{clad}}^2 - n_{\text{core}}^2)\frac{k_0^2}{4\pi n_{\text{clad}}}\int_0^\pi \tilde{R}(\beta - k_0 n_{\text{clad}}cos\theta)\mathrm{d}\theta \tag{4.23}$$

其中，$\varphi(w)$ 为波导表面模场。从上述分析中，可以确定光是如何由波导侧壁上随机分布
的粗糙度引起散射的。首先，粗糙度散射损耗（α_{sidewall}）与功率谱密度函数的积分成正
比。因此，总辐射功率可视为每个辐射平面波所携带的功率之和。其次，每个平面波
从芯层-包层界面辐射的角度（θ）对应于特定的空间频率分量。再次，有限的空间频
率将给定波长的光散射出波导。单模波导的空间频率范围随着波导折射率差的增加而
减小。

将上述理论应用于掺铒薄膜矩形混合波导之中。矩形波导的辐射截面利用等效
折射率相同的平板波导来近似的。在这个推导中，使用了 TE$_0$ 平板模场分布和类似
于式（4.20）的指数相关函数，由此得到的解是用归一化波导参数定义的，令

$$U = \frac{w}{2}\sqrt{n_{\text{core}}^2 k_0^2 - \beta^2} \quad V = k_0 \frac{w}{2}\sqrt{n_{\text{core}}^2 - n_{\text{clad}}^2} \quad W = \frac{w}{2}\sqrt{\beta^2 - n_{\text{clad}}^2 k_0^2} \tag{4.24}$$

以及无量纲参数：

$$\Delta = \frac{n_{\text{core}}^2 - n_{\text{clad}}^2}{2n_{\text{core}}^2} \quad x = W\frac{2L_c}{w} \quad \gamma = \frac{n_{\text{clad}}V}{n_{\text{core}}W\sqrt{\Delta}} \tag{4.25}$$

此时，Payne-Lacey 损耗公式可化为

$$\alpha_{\text{sidewall}} = \frac{\sigma^2}{\sqrt{2}k_0\left(\frac{w}{2}\right)^4 n_{\text{core}}}g(V)f_e(x,\gamma) \tag{4.26}$$

其中，

$$g(V) = \frac{U^2V^2}{1+W} \quad f_e(x,\gamma) = \frac{x\{[(1+x^2)^2 + 2x^2\gamma^2]^{1/2} + 1 - x^2\}^{1/2}}{[(1+x^2)^2 + 2x^2\gamma^2]^{1/2}} \tag{4.27}$$

一般情况下，波导侧壁的粗糙度为指数型或高斯型。以铒硅酸盐材料体系为例，
图 4.10 描绘了硅/氮化硅-铒硅酸盐薄膜混合波导侧壁界面粗糙度引起的散射损耗。假
设对称侧壁界面处的粗糙度参数相等，并且仅考虑单模状态。典型的侧壁界面粗糙度
相关长度（L_c）由平面波导制造工艺产生，通常范围约为 $10^0 \sim 10^1\,\text{nm}$。

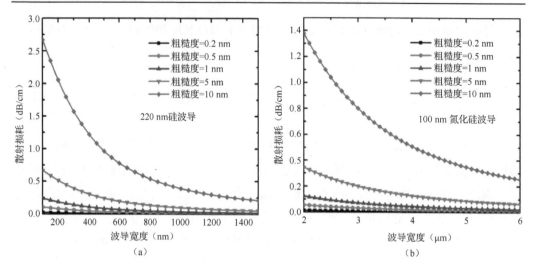

图 4.10　硅/氮化硅-铒硅酸盐薄膜混合波导侧壁界面粗糙度引起的散射损耗拟合结果

由图 4.10 的分析可知，散射损耗随波导宽度的增加而减小。波导宽度的增加改变了模式尺寸，从而减小了模式功率在界面上的比例，减少了散射损耗。粗糙度 σ 和波导宽度 w 变化是优化散射损耗的关键参数。通过改进波导刻蚀工艺可以降低粗糙度 σ 值。因此，粗糙度的降低将减小粗糙度的辐射效率，最终降低散射损耗。另一方面，增加波导的宽度 w 将降低粗糙侧壁界面处的电场强度，最终减少散射光的相对数量。然而，后一种方法通常是不可行的，因为增加宽度 w 至超过第二模式截止宽度时，将导致波导中的多模传输。$g(V)$ 和 $f_e(x,\gamma)$ 项随波导参数的变化缓慢，对给定波导系统的损耗没有显著影响。

对于掺铒薄膜的粗糙表面的散射理论，可结合瑞利准则进行分析。如图 4.11 所示，当平面波入射到波导上部的薄膜表面时，考虑到 TE 波，入射光束所携带的能量是 $\frac{c}{8\pi}n_{core}E_y^2\cos\theta_1$，其中 E_y 是电场振幅。根据瑞利准则，从薄膜上、下表面反射的光束有一个功率：

$$P = \frac{c}{8\pi}E_y^2\cos^3\theta_1\left(\frac{4\pi n_{core}\sqrt{\sigma_{top}^2+\sigma_{bottom}^2}}{\lambda_0}\right)^2 \tag{4.28}$$

薄膜上、下两个表面中光场的反射次数为

$$N = \frac{L}{2h_{eff}\tan\theta_1} = \frac{L}{2\left(h+\dfrac{1}{k_{yt}}+\dfrac{1}{k_{yb}}\right)\tan\theta_1} \tag{4.29}$$

式中，h_{eff} 是薄膜的等效厚度，k_{yt} 和 k_{yb} 分别是波导的上包层和下包层的衰减常数，h

为薄膜沉积厚度，L 为波导传输长度。对于任何波导模式，薄膜上、下表面总的散射损耗为

$$\alpha_{\text{top/bottom}} = \frac{\cos^3\theta_1}{2\sin\theta_1}\left(\frac{4\pi n_{\text{core}}\sqrt{\sigma_{\text{top}}^2 + \sigma_{\text{bottom}}^2}}{\lambda_0}\right)^2 \frac{1}{h + \dfrac{1}{k_{\text{yt}}} + \dfrac{1}{k_{\text{yb}}}} \tag{4.30}$$

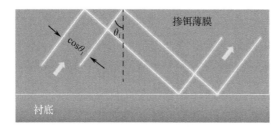

图 4.11　掺铒薄膜的表面散射示意图

同样，以铒硅酸盐材料体系为例，铒硅酸盐薄膜的沉积造成的表面散射损耗如图 4.12 所示。薄膜的表面散射损耗受三个独立因素的影响。第一个因素 $4\pi(\sigma_{\text{top}}^2 + \sigma_{\text{bottom}}^2)/\lambda_0$，完全取决于薄膜的表面性质，是无量纲的量，表面粗糙度越大，所产生的表面散射损耗越明显；第二个因素 θ_1，只取决于所考虑的波导模式，不同模式下该角度有所差异，通常只考虑单模传输；第三个因素薄膜的等效厚度 h_{eff}，与表面散射损耗成反比，这是由于在较厚的薄膜下表面粗糙度对波导传输引起的散射逐渐可以忽略。从上述理论来看，可用一个单参数 $K = 4\pi(\sigma_{\text{top}}^2 + \sigma_{\text{bottom}}^2)/\lambda_0$ 定义薄膜的所有表面特性，它是一个无量纲的参数，定量反映了表面粗糙度与光波长的关系。根据第 3 章中沉积铒硅酸盐薄膜的参数，最佳厚度为 1 μm 的铒薄膜经高温退火后的表面粗糙度约为 40 nm，将产生 3 dB/cm 的表面散射损耗。

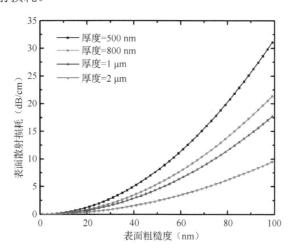

图 4.12　不同厚度下铒硅酸盐薄膜的基本 TE 模式表面散射损耗随表面粗糙度的变化关系（$\lambda_0=1550\,\text{nm}$）

4.3.2　弯曲损耗

波导弯曲处的损耗（弯曲损耗）由两种机制引起。首先，弯曲损耗来源于从直波导到弯曲波导的过渡段，由于直波导与弯曲波导中光场模式重叠的差异，可以将其视为耦合损耗；其次，光场在弯曲传输时产生损耗，由于内部半径和外部半径处光场之间的相位不匹配，产生功率的向外辐射。在大多数情况下，主要是相位失配损耗机制主导了弯曲损耗。图 4.13 为波导模式在弯曲波导（弯曲半径 R）中传输耗散的示意图。当波导模式在弯曲处传播时，它保持恒定的相速度前传，这导致弯曲波导外侧的场模式比其他模式的速度快。在某一点上，最外层的模式传输速度将部分超过光速，因此光功率被辐射出去。波导的弯曲还导致场分布向弯曲径向外侧移动，从而改变模式场的形状和大小。随着弯曲半径的减小，相位失配增加，导致模式向外辐射的功率增大。总之，弯曲损耗随着波导限制因子的增加而减少，而随弯曲半径 R 呈指数级增长。

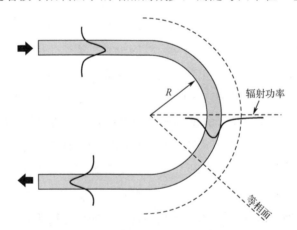

图 4.13　波导模式在弯曲波导（弯曲半径 R）中传输耗散的示意图

波导弯曲损耗的分析方法是，将波导弯曲的折射率分布转换为直波导的折射率分布[8]，并计算模式分布，如图 4.14 所示。等效折射率分布反映了相位速度的变化（$v_p=c/n$）。其中坐标 x_r [当 $x>x_r$，$n_{eq}(x)>n_{eff}$ 时]，表示模式不再被引导而辐射出去的位置。一般来说，拟合弯曲损耗的目的是找到给定波导几何结构的最小弯曲半径。弯曲损耗通常可以比传播损耗小一两个量级，如果采用适当的波导设计，波导弯曲损耗对传输损耗的影响非常小。

根据上述理论，并结合矩形波导的等效折射率法，可推算出所设计的铒硅酸盐混合波导中的弯曲损耗系数表达式为

$$\alpha = C_1 \exp(-C_2 R) \tag{4.31}$$

$$C_1 = \frac{\lambda_0 \cos^2(kw/2)\exp(pw)}{p\left[w + \dfrac{\sin(kw)}{k} + \dfrac{2\cos^2(kw)}{p}\right]\left[w + \dfrac{2\cos(kw/2)}{p}\right]^2} \tag{4.32}$$

$$C_2 = \frac{2p(\beta - k_0 N)}{k_0 N_2} \tag{4.33}$$

$$k = \sqrt{k_0^2 N_1^2 - \beta^2} \qquad p = \sqrt{\beta^2 - k_0^2 N^2} \tag{4.34}$$

其中，w 为波导宽度，β 为波导传输常数，N_1 与 N 为矩形波导等效成平板波导后的有效折射率（参见图 4.2）。

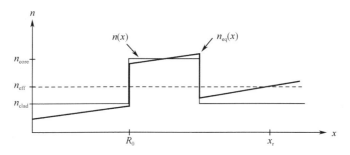

图 4.14　弯曲-直波导的折射率等效法原理图

以铒硅酸盐材料体系为例，图 4.15 中拟合了不同波导宽度下硅/氮化硅-铒硅酸盐混合波导弯曲损耗与弯曲半径的关系。结果表明，波导的弯曲损耗随着弯曲半径的增大而减小。当弯曲半径小于 6 μm（硅）和 2 mm（氮化硅）时，弯曲损耗受弯曲半径的影响很大，随弯曲半径的增大呈指数级减小。当弯曲半径超过这些值时，波导的弯曲损耗趋于一个稳定的极小值。此时，弯曲半径对弯曲损耗影响不大，因此可以确定波导的最优弯曲半径。

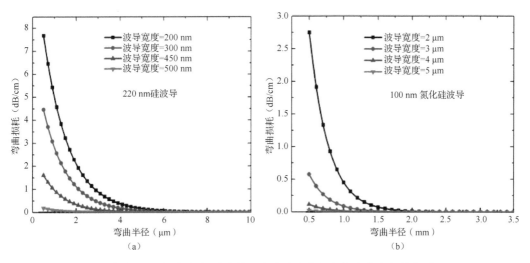

图 4.15　不同波导宽度下硅/氮化硅-铒硅酸盐混合波导弯曲损耗与弯曲半径的关系（λ_0=1550 nm）

4.3.3　吸收损耗、非线性损耗

光吸收涵盖了光穿过材料时光能传递到材料上的所有损耗机制。集成波导容易受到由不完美材料沉积引起的吸收机制的影响，包括带隙吸收、悬挂键吸收和键共振吸收。

- 带隙吸收。当光子能量超过波导芯或包层材料的带隙能量时，发生带隙吸收。
- 悬挂键吸收。非理想的薄膜沉积条件会导致材料缺陷，引起界面悬挂键吸收损耗。
- 键共振吸收。对于硅兼容材料，N—H 键和 O—H 键共振的存在会在集成波导中引起相当大的吸收损耗。

对掺铒薄膜波导来说，这些吸收损耗远小于上述的散射损耗以及弯曲损耗，在实际分析中往往可以忽略。

波导中的非线性过程也会造成光功率/强度的传输损耗。通常，非线性过程包括两个或更多粒子（即光子、声子、电子、空穴）。尽管这些粒子之间相互作用的概率很低，但是，随着粒子密度的增加，相互作用的概率也会增加，因此，当光功率密度较高时，非线性过程不容忽略。在通信光谱中，硅波导在高光功率下同时受到受激拉曼散射（Stimulated Raman Scattering，SRS）和双光子吸收（Two-Photon Absorption，TPA）的影响。

（1）当光子和光学声子相互作用导致两个粒子之间的能量和动量转移时，发生拉曼散射。

（2）双光子吸收涉及两个光子和一个电子（有时由声子介导）的相互作用，电子从价带提升到导带。

TPA 效应是一个双重问题，不仅光子会被吸收，而且在此过程中产生的自由电荷载流子进一步衰减光信号。对于低损耗的集成波导，传输功率必须小于 11 mW，以确保 SRS 的非线性吸收最小。对于硅基掺铒波导，通过将泵浦功率控制在较低水平，以降低非线性效应的影响。

综上所述，基于掺铒薄膜的低损耗光波导设计既要考虑其模式分布（单模传输），又要考虑其传输损耗（主要包括侧壁、薄膜表面散射损耗和弯曲辐射损耗）。依据优化后的低损耗硅/氮化硅-铒硅酸盐混合波导，其传输损耗总结归纳如表 4.1 所示。其他掺铒材料体系（如掺铒氧化铝等）的波导损耗分析与此类似，这里不过多讨论。

表 4.1 硅/氮化硅-铒硅酸盐混合波导的传输损耗分析总结

参 数 名 称	参 数 值	
	硅-铒硅酸盐混合波导	氮化硅-铒硅酸盐混合波导
厚度	220 nm	100 nm
宽度	450 nm	2.8 μm
弯曲半径	大于 6 μm	大于 2 mm
铒增益层厚度	1 μm	1 μm
波导总散射损耗	0.28~1.48 dB/cm	0.15~1.1 dB/cm
增益层表面散射损耗	约 3 dB/cm	约 3 dB/cm
弯曲损耗	小于 0.01 dB/cm	小于 0.01 dB/cm

4.4 光放大性能分析

基于前两节的理论模型、器件结构设计以及损耗分析，可以对掺铒薄膜光波导放大器的光放大性能进行预测，主要包括增益特性和噪声特性。

本节主要针对的是上文中设计的低损耗铒硅酸盐-氮化硅混合波导结构。其他波导结构以及掺铒材料体系的放大性能变化趋势均与之类似，这里不过多讨论。图 4.16 展示了在 980 nm 波长下以不同泵浦功率泵浦、1532 nm 波长信号光输入时，铒硅酸盐光波导放大器的信号增益与波导传播距离的关系。可以看到，铒硅酸盐波导的信号增益随着波导传输长度的增加而近似线性增加，逐渐达到最大值，然后随着传输长度的进一步增加，增益开始下降。可以得出结论，对于给定的泵浦功率，放大器的最大增益对应于一个最佳的泵浦长度。当波导传输长度超过这个优化值时，增益迅速下降，因为在这种情况下，增益波导已将泵浦功率吸收完全。之后，波导的剩余长度中 Er^{3+} 没有被泵浦，反而是吸收了放大的信号，并没有形成粒子数反转。结果还表明，铒硅酸盐波导的最佳泵浦长度与泵浦功率有关，且随着泵浦功率的增加而增大。此外，在相同传输长度下，由于粒子数反转作用的增强，信号增益也可以随着泵浦功率的增加而进一步提高。图 4.16 表明，当泵功率为 100 mW 时，最佳泵浦长度约为 1 mm。在这个最佳泵浦长度下，增益可以达到 10 dB 以上。

图 4.17 给出了不同最佳泵浦长度下铒硅酸盐光波导放大器的增益随泵浦功率的变化关系。可以看到，铒硅酸盐波导对应的阈值泵浦功率约在 50 mW 附近，且泵浦阈值功率随着波导长度的增加而增加，因为更多的信号功率被沿着波导吸收。还可以看到，对于给定的放大器长度 L，放大器增益首先随泵浦功率呈指数级增长，但当泵浦功率超

过一定值时，增益增长缓慢，甚至饱和。当泵浦光功率固定时，波导长度越长，饱和越深。这是因为随着泵浦功率的增加，光信号功率显著增加，但光信号功率的增加进一步刺激了 Er^{3+} 受激辐射，使激发态的 Er^{3+} 浓度下降得更快，从而抑制了信号的进一步放大，导致了饱和效应。因此，波导的输入泵浦功率应慎重选择，通常控制在 200 mW 以内。

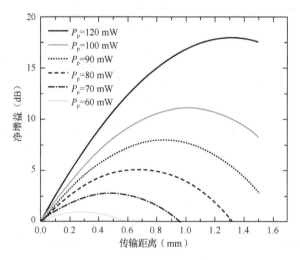

图 4.16 不同的输入泵浦功率下（60～120 mW），信号净增益与传输距离的关系。泵浦的最佳长度为 1 mm。当 $N_{Er}=1.6\times10^{22}\,\mathrm{cm^{-3}}$，$P_p=100$ mW 时，增益可达 11 dB

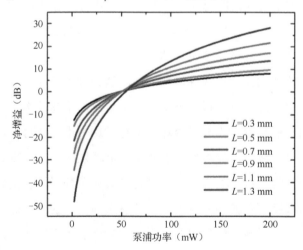

图 4.17 不同波导长度下（取最佳泵浦长度 0.3～1.3 mm）信号净增益与泵浦功率的关系

在总离子浓度、泵浦功率和传输长度保持不变的情况下，引入 Yb^{3+} 形成铒镱硅酸盐波导，可以进一步提高放大器的增益。如 2.2.6 节所述，Yb^{3+} 同时起着抑制上转换和泵浦敏化的作用。Yb^{3+} 和 Er^{3+} 比例的调节，对铒镱硅酸盐波导的放大器增益优化有着重要贡献。图 4.18（a）表明，增益随着 Yb^{3+} 和 Er^{3+} 比例的增加先增加后减小。当 Yb^{3+} 浓度过低时，对上转换的抑制作用不明显；当 Yb^{3+} 浓度过高时，Er^{3+} 的发光效率降低。

因此，Er^{3+} 与 Yb^{3+} 的比值必须设置在最佳值附近。对于 1 mm 的铒镱硅酸盐波导来说，最佳 Yb:Er 比值为 2.3∶1。在这个水平上，单位净增益可以达到 28.5 dB/mm，是纯铒硅酸盐波导增益 10 dB/mm 的近 2.9 倍。此外，图 4.18（b）显示了不同 Yb:Er 比值下增益与传播距离的关系。不同成分的铒镱硅酸盐波导对泵浦光的吸收效率不同。当 Yb:Er 比值接近 2.3∶1 时，波导对泵浦光的转换效率最高。因此，增益随传输距离（泵浦长度）变化最快，但泵浦光被吸收得更快，最佳泵浦长度也相对较短。值得注意的是，在铒镱硅酸盐体系中，处于激发态的 Yb^{3+} 会将其能量转移到另一个处于激发态的 Er^{3+}。Yb^{3+} 直接参与的这种能量转移上转换涉及 Er^{3+} 的 $^4I_{13/2}$、$^4I_{11/2}$ 和 $^4F_{9/2}$ 能级，如 2.2.6 节所述。在这里，优化后 Yb^{3+} 对 Er^{3+} 的相对掺杂浓度仍处在较低水平。在这种情况下，Er^{3+} 与 Yb^{3+} 之间的能量交换仍然是基于基态的 Er^{3+} 进行的，因此 Yb^{3+} 直接参与的能量转移上转换可以忽略。

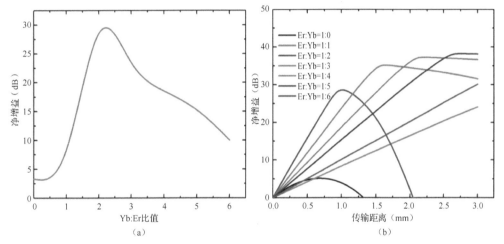

图 4.18　信号净增益与（a）Yb:Er 比值和（b）传输距离的关系。（a）最佳 Yb:Er 比值为 2.3∶1。增益可提高到 28.5 dB，其中 L=1 mm，P_p=100 mW，N_{total}=1.6×10²² cm⁻³；（b）在 100 mW 的输入泵浦功率下，不同的 Yb:Er 比值（1∶0 至 1∶6）的波导信号净增益与传输距离的关系

　　铒硅酸盐光波导放大器的放大自发辐射（ASE）噪声通常来自 Er^{3+} 的自发辐射，由于 ASE 的功率相对于信号功率很弱，所以在许多理论模型中，ASE 噪声的影响常常被忽略，但是在长波导长度、低泵浦功率的情况下，ASE 噪声是不可忽视的。图 4.19 展示了铒硅酸盐波导的 ASE 噪声功率和噪声系数与波导传输距离的关系。一方面，随着传输距离的增加，ASE 噪声逐渐增大，但当传输距离超过最佳泵浦长度时，ASE 噪声曲线呈指数级上升趋势。这是因为在这种情况下，增益达到饱和甚至被抑制，信号光逐渐被吸收和衰减，使得 ASE 噪声功率和信号功率逐渐接近；另一方面，随着泵浦功率的增大，ASE 噪声强度逐渐减小。ASE 噪声功率随传输长度的变化与放大器增益相同，如图 4.19 的插图所示，它还与放大器波导长度和泵浦功率有关。在 100 mW 泵浦功率和较短的传输距离下，ASE 噪声功率比放大器的信号光功率小 2～3 个量级。仅纳

瓦（nW）量级，对放大器的影响很小。综上所述，在短波导长度和高泵浦功率下，ASE噪声可以忽略，但当波导长度变长，特别是超过最佳泵浦长度或泵浦功率较低时，应予以考虑。

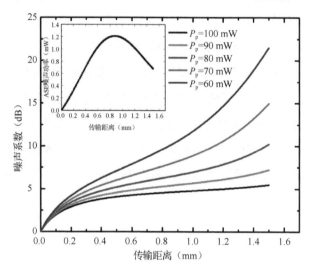

图 4.19　不同输入泵浦功率（60～100 mW）下噪声系数与传输距离的关系，插图：在泵浦功率 100 mW 下 ASE 噪声功率与传输距离的关系

4.5　光波导放大器性能测试

4.5.1　波导增益测试

波导的净增益定义为沿放大器单位传播长度的信号强度放大。这样定义的净增益是放大器的固有特性，不考虑放大器和外部光源或接收系统之间的耦合效率。本节的目的是探索波导的本征放大能力，将耦合效率视为一个外在的问题。因此，这里考虑的净增益更准确地称为内部净增益，或波导增益。

如图 4.20 所示，掺铒波导从一端注入输入信号 I_i 和泵浦 P。信号输出 I_o 从另一端收集。在放大器内部，信号强度如下：

$$I(z + \Delta z) = I(z) \exp\{[\varGamma g(z) - \alpha_p]\Delta z\} \tag{4.35}$$

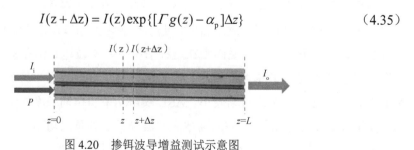

图 4.20　掺铒波导增益测试示意图

其中，Γ 为波导限制因子，α_p 为波导传输损耗，$g(z)$ 是位置 z 处的局部材料增益，依据第 2 章的铒离子能级系统模型，其可由下式计算：

$$g(z) = \sigma_{21}N_2(z) - \sigma_{12}N_1(z) \tag{4.36}$$

则输出信号强度 $I_o(P)$ 为

$$I_o(P) = C_s I_i \exp\left\{\int [\Gamma g(z) - \alpha_p]\mathrm{d}z\right\} = C_s I_i \exp\{\overline{g}(P)L\} \tag{4.37}$$

式中，C_s 是在信号波长处波导端面的总耦合效率。$\overline{g}(P)$ 为平均波导净增益。因此，整个净增益的计算包含三部分，一部分可以表示为平均信号增强 $S_E(P)$，定义为泵浦注入的输出信号强度与无泵浦注入的信号强度之比，也可以通过测量泵浦打开和关闭时的输出功率来实现。因此，有时也称为开关增益：

$$S_E(P) = \frac{1}{L}\ln\left[\frac{I_o(P)}{I_o(0)}\right] = \overline{g}(P) - \overline{g}(0) \tag{4.38}$$

假设在没有泵浦注入的小信号条件下，激发态 N_2 的布居数等于零。输入信号太小，无法形成激发态的粒子数反转。同样，假设在小信号区域没有温度变化。第二部分和第三部分分别是掺铒材料吸收系数和传输损耗。最终平均波导净增益可通过下式确定：

$$\overline{g}(P) = S_E(P) - \Gamma\sigma_{12}N_{Er} - \alpha_p \tag{4.39}$$

式中，$\alpha_i = \sigma_{12}N_{Er}$ 为掺铒材料的本征吸收系数。方程式中以 cm^{-1} 为单位计算。若信号增强和增益以 dB/cm 为单位，可乘以系数 4.34 进行转换。

基于上述测量方案，搭建了硅基掺铒波导光源的测试系统，如图 4.21 所示。其中可调谐激光器（1545～1565 nm）作为信号光源，并连接数字偏振控制器（Digital Polarization Controller，DPC），控制信号光输入到波导中的偏振状态，同时为控制信号功率的范围，将信号光经衰减器衰减后再采用掺铒光纤放大器（Erbium-Doped Fiber Amplifier，EDFA）进行放大；980 nm 半导体激光器作为泵浦光源，通过一个波分复用器（Wavelength Division Multiplexer，WDM）与信号光耦合，之后通过一个拉锥单模光纤端面耦合进入波导，整个端面耦合过程在三维对准平台上完成。波导输出端输出的信号光同样利用拉锥单模光纤进行端面接收，并输出到光功率计或光谱分析仪上。通过对光功率计/光谱分析仪上采集到的数据进行分析，得到这个光波导中泵浦后的信号光放大情况。

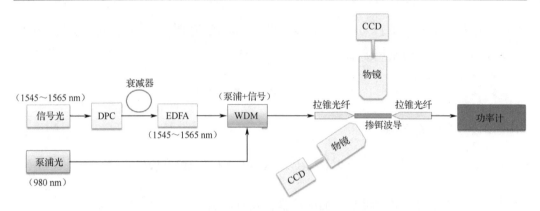

图 4.21　掺铒波导增益测试系统图

以铒硅酸盐材料体系为例，图 4.22 展示了铒硅酸盐波导在不同波长下的信号增强测试结果。虽然绝对耦合值对本测试实验并不重要，但在实验过程中保持光纤和波导之间的恒定接触是很重要的，以确保耦合效率保持不变。此外，为了测试信号增强，必须去除放大自发辐射（ASE）的贡献。从图 4.22（a）中的测试结果可以发现，随着输入泵浦功率的增加，信号增强显著增大，这是因为增强的信号功率进一步增强了铒离子的受激辐射。当输入泵浦功率为 100.2 mW 时，在 1545 nm 波长处获得了 0.34 dB 的最大值，对应于 1.13 dB/cm 的平均信号增强。从 1545 nm 到 1565 nm，随着波长的增加，信号增强程度降低，这种信号增强的变化遵循 PL 发射光谱，如图 4.22（b）所示。由于铒离子的吸收降低，信号增强程度降低；且由于 PL 强度的降低，信号增强随输入波长的增加而减小。最终，信号增益的最大值恰好出现在 PL 发射光谱的最大值处，在 100 mW 输入泵浦功率下约为 0.5 dB（1.67 dB/cm）。

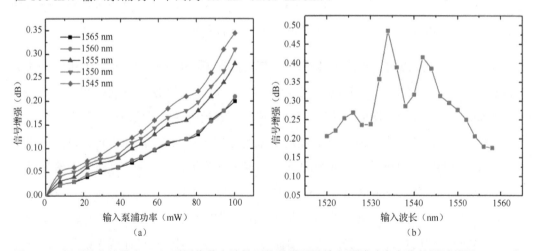

图 4.22　铒硅酸盐波导在（a）不同信号光波长下信号增强随输入泵浦功率变化的测试结果；（b）在 100 mW 输入泵浦功率下信号增强随输入波长变化的测试结果

4.5.2　波导损耗测试

对比信号光在不同长度波导中的光谱来研究波导的传输损耗和本征吸收损耗。实验中，通过测试输出信号强度对传输长度的依赖线性曲线来表征器件的传输损耗，如图 4.23 所示。传输损耗（Loss）的计算公式如下：

$$\text{Loss(dB/cm)} = 10\lg\left(\frac{P}{P_0}\right)/\Delta L \tag{4.40}$$

式中，P 是输出光的平均功率，P_0 是耦合到波导的初始平均光功率，ΔL 为波导长度的变化。实验中测得 3 mm 长的掺铒波导的总损耗为 50.5 dB，其中传输损耗约为 4.67 dB/mm，且通过数值模拟和实验测量确定了波导的单端耦合损耗约为 12.3 dB。

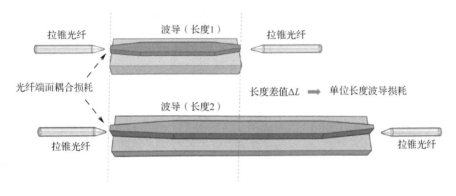

图 4.23　掺铒波导传输损耗测试示意图

同样，以铒硅酸盐材料体系为例，在 16.8 dBm 的固定信号功率下，泵浦开关时的总损耗值是信号波长的函数。通过考虑光致发光谱（PL 谱）的强度比，对损耗曲线进行近似线性拟合，测试结果如图 4.24 所示。结果表明，1535 nm 处的总损耗比 1560 nm 处的大 0.64 dB，对应于 1535 nm 处 Er^{3+} 的一个主要能级，具有较强的吸收特性。由于 1560 nm 处没有对应的主能级，在 1535 nm 处的过剩增强对应于该能级的本征吸收。比较无泵浦光时材料增益范围内最大值处的强度（对应波长 1535 nm，其中最大本征吸收值也是最大增益值）与材料增益范围外（对应波长 1560 nm）的强度，可以近似得到 1535 nm 处的本征吸收损耗 0.64 dB。

目前针对上述铒硅酸盐波导的增益测试结果仍处在较低水平，并没有得到理论预期的高增益光波导放大器。主要原因有两个，其中一个原因是波导的总损耗仍很大。首先，由于镀膜过程的各向同性，在沉积增益材料后波导端面会被覆盖，这给波导器件引入很大的端面耦合损耗；其次，铒硅酸盐薄膜在波导衬底上沉积后的应力状态也与平坦衬底上不同，在高温退火后产生的表面粗糙难以消除，同时，在刻蚀波导过程中材料侧壁比较粗糙，这些最终都会导致较大的波导传输损耗。根据理论计算，如果传输损耗降到 1 dB/cm 以下，那么可以获得 1 个量级以上的光增益。另一个原因是，铒硅酸盐材料体系中铒粒子数反转和增益所需的泵浦功率密度较大，而目前的泵浦激光器很难输入较高的功率到波导中。总而言之，在未来的研究工作中，仍需进一步工艺迭代：提高铒硅酸盐薄膜表面质量，真正实现低损耗增益层的沉积；同时需进行波导结构迭代，实现高效的波导耦合。

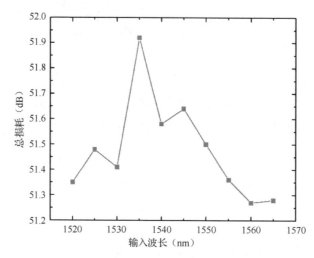

图 4.24　铒硅酸盐波导在 16.8 dBm 的固定信号功率下，波导总损耗随输入波长变化的测试结果

4.6　硅基掺铒光波导放大器单片集成

4.5 节讨论并分析了高性能的硅基掺铒光波导放大器，这些掺铒光波导放大器的片上集成是至关重要的问题。在集成硅光芯片中，对需要光放大的部分进行局部处理，在传输波导上方刻蚀填充槽，之后对该槽选择性沉积掺铒增益材料，该掺铒增益层与下方传输波导形成混合波导结构，并且通过在传输波导中设计合适的锥形耦合结构，完成上下层之间的高效耦合，最终光场在传输中再分配并且不断局部地耦合放大，补偿片上波导中的传输损耗。

具体的片上集成方案如图 4.25 所示。对于一个集成硅光芯片，激光器产生的信号通过波导传输进入信号处理模块 1 中进行处理，其输出通过合束器耦合到波导中继续传输，再次进入信号处理模块 2 中进行处理，最后进入光探测模块并与 CMOS 器件进行后续集成。由于信号在处理过程和波导传输过程中的不断衰减，可以针对不同的传输区域进行局部掺铒光波导放大器的制备，进行光放大，包括在光信号处理模块中引出波导进行放大补偿，以及在整个传输波导上进行放大补偿等。这种局部放大结构，能更好地与高质量的光信号处理模块（调制、探测）在具有 CMOS 兼容工艺的大尺寸硅基底上协同集成。基于这种局部放大技术的集成系统将出现在许多应用中，包括短程光互连、片上实验室设备以及医学和传感设备等。

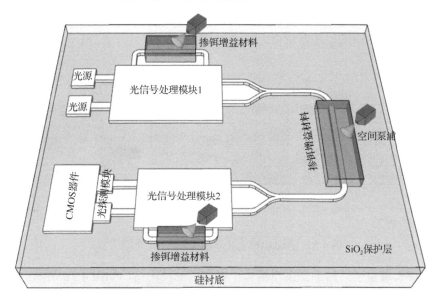

图 4.25　硅基掺铒光波导放大器的片上集成方案

　　具体的局部放大方案结构示意图如图 4.26 中所示。在该结构中，掺铒增益层选择性沉积到已设计好的波导结构之上，然后采用渐变锥型波导结构实现增益层与波导的光场耦合。其中，波导在增益区间内传输方向上采用渐变锥型结构，使该区域波导中的光场能大部分耦合到上方；在传输波导上方制备具有光滑侧壁的槽状结构，将填充的增益材料图形化处理，对波导耦合上来的光场进行局部放大；在波导与增益层之间增设氧化调节层，降低高折射率材料中光场的导模效应，调节波导区域对增益层光场的限制作用。

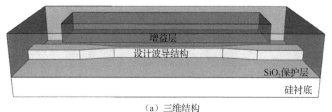

（a）三维结构　　　　　　　　　　　　　　　　　（b）横截面结构

图 4.26　局部硅基掺铒光波导放大结构示意图

　　对于上述片上放大集成方案的工艺实现，需要在传输波导的上方的氧化层中刻蚀一定深度、一定宽度的槽形结构，最后利用磁控溅射等方法在槽中填充一定厚度的掺铒增益层，整个工艺步骤如图 4.27 中所示。由于是局部制备，需要在芯片上进行波导区域选择性沉积。其解决办法是用薄玻璃板或金属掩模覆盖不需要增益层的区域。如图中所示，在薄玻璃板的顶部放置两块厚玻璃板，以确保机械稳定性。这是物理上实现面积选择性沉积的一种有效而简单的方法。另外，也可以在整个芯片上进行沉积后，通过在放大区域以外的部分采用化学方法来选择蚀刻掉增益薄膜，实现选择性沉积。该化学方法的问题是芯片中沟道内的残留光刻胶会影响器件的性能，因此更多地采用物理方法来选择性地沉积增益材料。

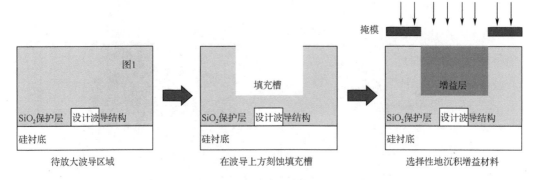

图 4.27　硅基掺铒光波导放大器选择性制备方案

针对掺铒增益层的局部光泵浦耦合，提供了三种思路，如图 4.28 所示。第一种思路为空间泵浦方案，泵浦光直接从上方空间发射耦合进增益层中，该方案结构简单、设置灵活；第二种思路为波导耦合方案，泵浦光从芯片端面输入到芯片之中，再通过另一只波导侧向耦合至增益层中。这种直接耦合方式用于单模波导器件，用于泵浦的波导通过优化结构可控制其截面大小和折射率，保证模场尺寸与端面光纤相一致，提高耦合效率。这种方式结构紧凑、对准失调容差大；第三种思路为泵浦键合方案，将泵浦激光器通过键合的方式"贴"在增益层上方，首先在沉积后的掺铒薄膜上用 PECVD 沉积二氧化硅和氮化硅薄膜作为键合介质层，并用 RIE 进行表面激活，随后以进行键

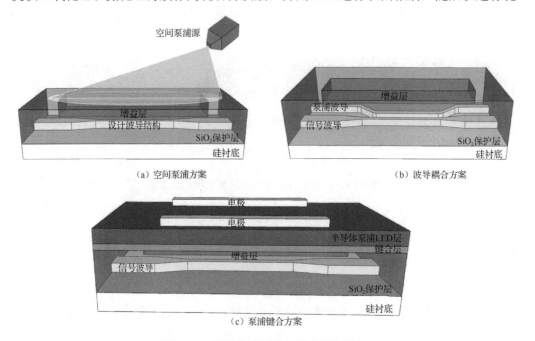

图 4.28　掺铒增益层的光泵浦耦合方案

合的方式将半导体泵浦光源集成到增益层上方。这种方式将泵浦较好的集成到芯片之上，间接实现电泵浦放大，提高了芯片的集成度。

参 考 文 献

[1] J. Rönn, W. Zhang, A. Autere, et al. Ultra-high on-chip optical gain in erbium-based hybrid slot waveguides. *Nat. Commun.*, 10, 432 (2019).

[2] F. Ladouceur, J. D. Love, T. J. Senden. Measurement of Surface Roughness in Buried Channel Waveguides. *Electron. Lett.*, 28(14), 1321-1322 (1992).

[3] T. Barwicz, H. I. Smith. Evolution of line-edge roughness during fabrication of high-index-contrast microphotonic devices. *J. Vac. Sci. Technol. B*, 21(6), 2892-2896 (2003).

[4] T. Barwicz, H. A. Haus. Three-Dimensional Analysis of Scattering Losses Due to Sidewall Roughness in Microphotonic Waveguides. *J. Lightw. Technol.*, 23(9), 2719-2732 (2005).

[5] H. Kuribayashi, R. Hiruta, R. Shimizu. Shape transformation of silicon trenches during hydrogen annealing. *J. Vac. Sci. Technol. A*, 21(4), 1279-1283 (2003).

[6] K. K. Lee, D. R. Lim, H. C. Luan, et al. Effect of size and roughness on light transmission in a Si/SiO$_2$ waveguide: experiments and mode. *Appl. Phys. Lett.*, 17(11), 1617-1619 (2000).

[7] S. Georgescu, T. J. Glynn, R. Sherlock, et al. Concentration quenching of the $^4I_{9/2}$ level of Er^{3+} in laser crystals. *Opt. Commun.* 106, 75–78 (1994).

[8] M. Heiblum, J. Harris. Analysis of curved optical waveguides by conformal transformation. *IEEE J. Quantum Electron.*, QE-11 (2), 75-83 (1975).

第 5 章　硅基集成掺铒光波导激光器

5.1　激光谐振腔

为高增益的硅基掺铒光波导放大器设计合适的谐振腔（不引起混淆时也简称为腔），可以产生高性能的光泵浦激光输出。因此，硅基掺铒光波导激光器的设计核心就是波导谐振腔的设计。一方面，谐振腔能够对受激辐射产生的光子进行反射，并将其限制在腔内，这增加了腔内光子的浓度，提高了受激辐射强度，平衡了腔内损耗与增益；另一方面，谐振腔能够对受激辐射波长起到选择作用，在腔内振荡的光波波长需要满足驻波条件才能相干相长，保证了稳定的激光输出频率。

5.1.1　波导型激光谐振腔基本结构

由于掺铒有源材料工艺难刻蚀，通常采用混合波导结构，将其他层易刻蚀材料刻蚀成波导型谐振腔结构，带动掺铒有源层中的激光振荡。目前，较为主流的波导型谐振腔结构可分为法布里-珀罗（Fabry-Pérot，F-P）谐振腔、分布式反馈型（DFB）谐振腔、分布式布拉格反射型（DBR）谐振腔以及微环谐振腔。

最早的光学谐振腔是 F-P 谐振腔。在激光器波导两侧采用反射镜形成谐振腔。当满足驻波条件 $m\lambda/2 = L$ 时，光波能够在谐振腔内稳定存在。其中，m 为整数，也称为驻波的纵模数；λ 为腔中介质内的光波波长；L 为谐振腔腔长。尽管这种谐振腔设计与制备非常简单，但它仅能保证直流驱动下的静态单纵模工作，而不能进行高速调制下的动态单纵模工作，其增益峰值、振荡模式、工作频率都会随着泵浦功率、温度等外部因素发生较大的变化。因此，有必要对激光器的谐振腔进行改进。

要想实现硅基掺铒波导激光器的动态单纵模工作，稳定地获得单一波长的激光，最有效的方法就是在其内部建立一个布拉格光栅结构。布拉格光栅是一种周期性的微结构，作为一个共振结构，它是一种窄带过滤器。只有布拉格波长附近窄光谱的光会被光栅反射，剩余的光波将无损失地继续通过光栅，因此布拉格光栅具有较好的波长选择性，可产生稳定的单纵模激光输出。在波导中，布拉格光栅是导模结构的周期性扰动，它使得有效折射率 n_{eff} 也周期性地扰动。因此，这种结构相当于一维衍射光栅，它能够将辐射从正向传播的导模衍射到反向传播的模式。为了有效地将自由空间波长 λ_0 的导模衍射成反向传播模式，来自光栅中的各个周期的反射波应该相互干涉。这要

求光栅周期 Λ 遵循以下关系式：

$$\Lambda = \frac{m\lambda_0}{2n_{\text{eff}}} \tag{5.1}$$

其中，m 是表示光栅阶数的正整数。这个条件被称为布拉格定律，所适用的波长称为布拉格波长 λ_B。将布拉格光栅结构与光波导集成，为实现各种小尺寸单片光学器件提供了很好的技术方案，如 DFB 激光器[1]、DBR 激光器[2]、光分插复用器[3]和色散补偿器[4]等，已广泛应用于通信系统和集成光学传感系统中。在沟道波导中实现布拉格光栅的主要工艺制备技术包括紫外光诱导[5]、飞秒激光写入[6]和物理波纹布拉格光栅[7]等。

含有布拉格光栅的波导激光器可分为 DFB 与 DBR 两种，结构示意图如图 5.1 所示。DFB 波导谐振腔（简称为腔）中布拉格光栅分布在整个波导中，反馈作用是在整个腔内分布式完成的；DBR 波导谐振腔中布拉格光栅位于波导的两端或一端，而在有源区没有光栅，作为反射器的布拉格光栅是同有源区分隔开的。

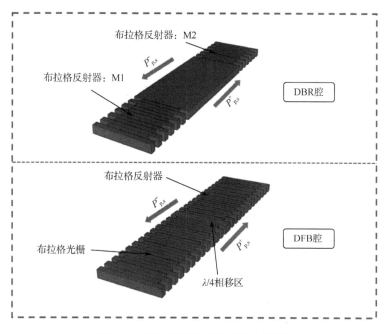

图 5.1　DBR 与 DFB 波导结构示意图

在 DBR 波导谐振腔中，光波在两端的 DBR 光栅（M1、M2）之间来回反射，形成驻波，如果正、反向的光波振幅相同，来回程的相位差等于 2π 的整数倍，就能形成耦合干涉波，最终腔内的干涉波通过增益获得光放大，实现受激发射，产生激光。在波长 λ_B 处的反射率较高，随周期数的增加反射率逐渐趋于 1，而在远离 λ_B 的波长下，反射率较低，因此 DBR 具有较强的波长选择性。但 DBR 谐振腔的单模稳定性较 DFB 相对较差，且对耦合效率要求严格，设计相对复杂。

在 DFB 波导谐振腔中，光栅结构使得波导层中的折射率产生周期性变化，光波在传播过程中被部分地、周期性地反射，腔内的激光模式会在向前和向后两个方向上进行耦合。如果光波的频率同 DFB 中的周期一致或非常接近，就会通过增益获得光放大，实现受激发射，产生激光。事实上，DFB 波导的激光模式并不是正好在布拉格波长 λ_B 处，而是对称地出现在 λ_B 两边，其受激发射波长 λ_m 为

$$\lambda_m = \lambda_B \pm \frac{\lambda_B^2}{2n_{\text{eff}}L}(m+1) \tag{5.2}$$

式中 m 为模式数，L 为光栅的有效长度。计算和实验都得出，光波在 DFB 中的振荡模式为对称的振荡模谱，并且两边的振幅对称地随模式指数的增加而减少。这种对称模式结构带来两个同时振荡的主模，因此光栅周期均匀分布的 DFB 激光器发射出的激光不是单纵模，而是具有两个主模的多模光谱。为解决此问题，通常在光栅中部引入一个 $\lambda/4$ 相移。引入 $\lambda/4$ 相移后，使其折射率产生 $\pi/2$ 的相移，导致驻波在 DFB 区中心叠加，从而获得单纵模激光输出。相比于 DBR 激光器，DFB 激光器拥有单模稳定输出、窄线宽、偏振选择性好的特点。

无论是 DBR 波导还是 DFB 波导，光栅的设计都包括如下步骤：

步骤 1：光栅周期设计。依据布拉格条件，控制谐振腔振荡的中心波长。

步骤 2：光栅占空比设计。改变光栅中光场模式的折射率分布，优化光栅的耦合效果。

步骤 3：光栅齿深设计。改变光栅中最大与最小有效折射率差，调节光场的耦合系数，优化激光输出。

步骤 4：谐振区总长度设计。依据最佳谐振腔长度，设计波导总长度。

步骤 5：相移区设计。保证单模稳定输出，优化激光线宽。

微环波导型谐振腔是实现宽调谐激光器的重要途径。在这种结构中，用有源行波环形腔代替驻波 F-P 谐振腔。微环波导型谐振腔由微环波导与直波导构成，如图 5.2 所示，通过绕环传输一周时所产生的光程差为波长的整数倍，产生谐振加强，即满足下述的微环谐振方程：

$$2\pi R n_{\text{eff}} = m\lambda_0 \tag{5.3}$$

式中，R 为微环的半径。

微环波导型谐振腔具有许多特点：

● 微环无须镜面或光栅就能提供光反馈，制备简单。

- 微环是一种行波谐振腔，正、反两个方向上的传输模式相互简并，传输路径易于控制。
- 体积小，适用于集成。

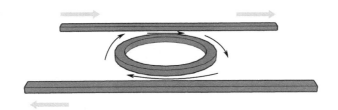

图 5.2　微环波导型谐振腔结构示意图

腔内的环形结构提高了边模抑制比和线宽，减小了频率啁啾（chirp）。这个概念可以扩展到两个环或更多的环，利用游标效应显著提高了单模调谐范围。然而，微环的光谱响应不平坦，呈上凸形的洛伦兹分布，当器件因工艺误差或因温度变化而引起光谱漂移时，器件不能正常工作；光谱中的非谐振光较强，这使得它的串扰较大。此外，微环中还存在着较大的弯曲辐射损耗。因此，对于需高温退火的掺铒光波导激光器，一般不常使用。

5.1.2　基于 F-P 谐振腔的激光特性建模

基于 F-P 谐振腔的掺铒光波导激光器的结构示意图如图 5.3 所示。掺铒波导置于两个介质反射镜 M1 和 M2 之间，它们在信号和泵浦波长（1532 nm 和 980 nm）下来回反射，形成激光振荡。泵浦光从左侧注入，产生的信号激光从右侧输出，L 是波导长度。腔中光功率的变化在建模过程中是双向的，P^+ 和 P^- 分别是谐振腔中信号和泵浦光的正向传播和反向传输分量，代表激光形成过程的正向传输、反向传输。

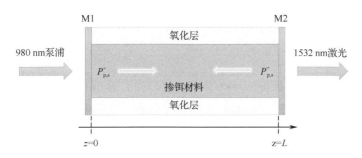

图 5.3　基于 F-P 谐振腔的掺铒光波导激光器的结构示意图

基于谐振腔中信号和泵谱光的正反向传输，式（4.8）所示的传输方程将改写为双向形式：

$$
\begin{cases}
\dfrac{\mathrm{d}P_{\mathrm{p}}^{\pm}(z)}{\mathrm{d}z} = \mp \Gamma_{\mathrm{p}}[\sigma_{13}N_1(z) + \sigma_{12}^{\mathrm{Yb}}N_1^{\mathrm{Yb}}(z) - \sigma_{21}^{\mathrm{Yb}}N_2^{\mathrm{Yb}}(z)]P_{\mathrm{p}}^{\pm}(z) \mp \alpha(v_{\mathrm{p}})P_{\mathrm{p}}^{\pm}(z) \\[2mm]
\dfrac{\mathrm{d}P_{\mathrm{s}}^{\pm}(z)}{\mathrm{d}z} = \pm \Gamma_{\mathrm{s}}[\sigma_{21}N_2(z) - \sigma_{12}N_1(z)]P_{\mathrm{s}}^{\pm}(z) \mp \alpha(v_{\mathrm{s}})P_{\mathrm{s}}^{\pm}(z) \\[2mm]
\dfrac{\mathrm{d}P_{\mathrm{ASE}}^{\pm}(z,v_j)}{\mathrm{d}z} = \pm \Gamma_{\mathrm{s}}(v_j)[\sigma_{21}(v_j)N_2(z) - \sigma_{12}(v_j)N_1(z)] \times P_{\mathrm{ASE}}^{\pm}(z,v_j) \mp \\[2mm]
\qquad\qquad \alpha(v_{\mathrm{s}})P_{\mathrm{ASE}}^{\pm}(z,v_j) \pm mhv_j\Delta v_j \Gamma_{\mathrm{s}}(v_j)\sigma_{21}(v_j)N_2(z), \quad j = 1,2,\cdots,M
\end{cases}
\tag{5.4}
$$

速率和传输方程必须结合边界条件进行求解。边界条件用于控制光学谐振腔的输入输出特性，有

$$
\begin{cases}
P_{\mathrm{s}}^{-}(0) = R_{1\mathrm{s}}P_{\mathrm{s}}^{+}(0) \\[1mm]
P_{\mathrm{s}}^{-}(L) = R_{2\mathrm{s}}P_{\mathrm{s}}^{+}(L) \\[1mm]
P_{\mathrm{p}}^{-}(L) = R_{2\mathrm{p}}P_{\mathrm{p}}^{+}(L) \\[1mm]
P_{\mathrm{p}}^{+}(0) = R_{1\mathrm{p}}P_{\mathrm{p}}^{-}(0) + T_{1\mathrm{p}}P_{\mathrm{p}0} \\[1mm]
P_{\mathrm{out}} = T_{2\mathrm{s}}P_{\mathrm{s}}^{+}(L)
\end{cases}
\tag{5.5}
$$

式中，在反射镜 M1 和 M2 处，$R_{1\mathrm{s}}$、$R_{2\mathrm{s}}$、$R_{1\mathrm{p}}$ 和 $R_{2\mathrm{p}}(R_{1,2;\mathrm{s,p}})$分别是信号和泵的反射率，而 $T_{1\mathrm{s}}$、$T_{2\mathrm{s}}$、$T_{1\mathrm{p}}$ 和 $T_{2\mathrm{p}}(T_{1,2;\mathrm{s,p}})$分别是信号和泵的透射率。$P_{\mathrm{out}}$ 是激光输出功率。透射率与反射率之间由近似公式计算：

$$
T_{1,2;\mathrm{s,p}} \approx 1 - R_{1,2;\mathrm{s,p}}
\tag{5.6}
$$

5.1.3　基于布拉格光栅的激光特性建模

对布拉格光栅结构进行的数学建模[8]主要基于耦合模理论（Coupled Mode Theory，CMT），它将布拉格光栅看成波导中的一个微扰[9,10]。由于其在数学上简单、在物理上直观，CMT 在分析波导中电磁波的传播特性和相互作用时起着至关重要的作用[11]。将耦合模理论与掺铒材料体系的增益模型相结合，为 DFB 和 DBR 波导激光器的建模提供了一个非常有效的理论分析方法。

理论中可以将光栅整体视为一个分布式反射器，其中光场能量在正向和反向传输模式之间传递。在均匀布拉格光栅的情况下，基于信号光波长 λ_{s} 的两个反向传输模式之间的耦合由以下一组微分方程描述：

$$
\begin{cases}
\dfrac{\mathrm{d}A(z)}{\mathrm{d}z} = -\mathrm{j}\kappa B(z)\exp(\mathrm{j}2\Delta\beta z - \mathrm{j}\theta) + \dfrac{g_{\mathrm{s}}(z)}{2}A(z) \\[3mm]
\dfrac{\mathrm{d}B(z)}{\mathrm{d}z} = -\mathrm{j}\kappa A(z)\exp(-\mathrm{j}2\Delta\beta z + \mathrm{j}\theta) - \dfrac{g_{\mathrm{s}}(z)}{2}B(z)
\end{cases}
\tag{5.7}
$$

其中，$A(z)$ 和 $B(z)$ 分别是正向和反向传输模式的振幅，j 是虚数单位，θ 是光栅传输过程中产生的相位差。上述微分方程为具有弱折射率扰动的光栅波导提供了一个有效的近似分析。式中 κ 为正向行波和反向行波之间的耦合系数，单位为 m^{-1}。$\Delta\beta$ 是对布拉格条件的传输常数偏差，计算公式如下：

$$\Delta\beta = \frac{2\pi n_{\mathrm{eff}}}{\lambda_{\mathrm{s}}} - \frac{\pi}{\varLambda} \tag{5.8}$$

其中，$g_{\mathrm{s}}(z)$ 是单位长度信号光的掺铒波导的净增益系数，可由第 2 章建立的速率方程求出，表达式如下：

$$g_{\mathrm{s}}(z) = \varGamma_{\mathrm{s}}[\sigma_{21}N_2(z) - \sigma_{12}N_1(z)] - \alpha(\nu_{\mathrm{s}}) \tag{5.9}$$

图 5.4 为介质波导中长度为 L 的均匀布拉格光栅的示意图，以及布拉格波长处（$\Delta\beta=0$）的正向行波和反向行波振幅的变化。最终的激光输出功率 $P_{\mathrm{L}}(z)$ 与 $|A(z)|^2$、$|B(z)|^2$ 之和成正比，可以描述为

$$P_{\mathrm{L}}(z) = \frac{2\varepsilon_0 n_{\mathrm{eff}}^2}{h\nu_{\mathrm{s}}}(|A(z)|^2 + |B(z)|^2) \tag{5.10}$$

假设振幅为 $A(0)$ 的波从波导的左侧入射进布拉格光栅耦合区。入射模的功率沿光栅长度呈指数衰减。这种功率的减小不是由于吸收而是由于功率反射转移到了反向模式 $B(z)$ 中。

假设 $z=0$ 和 $z=L$ 界面处的正向行波和反向行波是连续性的，耦合模方程（5.7）的解可以用矩阵形式表示为

$$\begin{bmatrix} A(0) \\ B(0) \end{bmatrix} = \begin{bmatrix} \cosh(\rho L) + \mathrm{i}\delta\sinh(\rho L)/\rho & \mathrm{i}\kappa\sinh(\rho L)/\rho \\ -\mathrm{i}\kappa\sinh(\rho L)/\rho & \cosh(\rho L) - \mathrm{i}\delta\sinh(\rho L)/\rho \end{bmatrix} \begin{bmatrix} A(L) \\ B(L) \end{bmatrix} \tag{5.11}$$

其中，定义

$$\delta = \Delta\beta + \frac{\mathrm{i}g_{\mathrm{s}}}{2} \qquad \rho = \sqrt{\kappa^2 - \delta^2} \tag{5.12}$$

注意，上述转移矩阵的行列式是可逆的。假设外部电场仅从布拉格光栅的左侧入射，则整个反向传输场起源于布拉格光栅区，在右侧边界 $B(L)=0$。因此，可以得到布拉格光栅的传输参数（反射、透射）：

$$R = |r|^2 = \left| \frac{-\mathrm{i}\kappa\tanh(\rho L)/\rho}{\rho + \mathrm{i}\delta\tanh(\rho L)} \right|^2 \tag{5.13}$$

$$T = |t|^2 = \left| \frac{\rho\,\mathrm{sech}(\rho L)/\rho}{\rho + \mathrm{i}\delta\tanh(\rho L)} \right|^2 \tag{5.14}$$

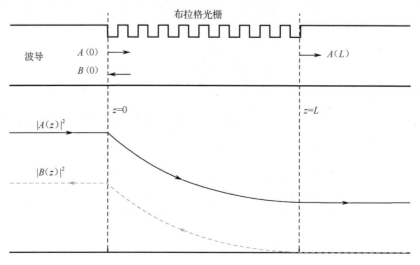

图 5.4　均匀布拉格光栅波导（长度 L）的示意图及其布拉格波长处（$\Delta\beta=0$）的正向行波和反向行波振幅的变化

对于以布拉格波长工作的 DFB 或 DBR 激光器结构，其边界条件与无源布拉格光栅不同，没有入射激光场，即

$$A(0) = \sqrt{P_{\mathrm{L}}^{\mathrm{A}}(0)} = 0 \ 和 \ B(0) = \sqrt{P_{\mathrm{L}}^{\mathrm{B}}(0)} = 0$$

其中，$P_{\mathrm{L}}^{\mathrm{A}}(z)$ 和 $P_{\mathrm{L}}^{\mathrm{B}}(z)$ 分别是向左传输和向右传输的信号（激光）功率。换言之，整个波导谐振腔是一个自振荡器，整个激光信号都在波导内部生成。

光栅的耦合系数 κ 主要由三个因素决定：光栅中最大（长齿）和最小（短齿）有效折射率 n_{h} 和 n_{l} 的差异、导模与光栅区域的重叠因子（限制因子 $\varGamma_{\mathrm{s}}$）以及光栅结构的占空比 D，如下式计算：

$$\kappa = \frac{\varGamma_{\mathrm{s}}(n_{\mathrm{h}}^2 - n_{\mathrm{l}}^2)}{\lambda_{\mathrm{s}} n_{\mathrm{eff}}} \sin(\pi D) \tag{5.15}$$

在布拉格光栅中，以 λ_{s} 为中心的阻带的宽度 $\Delta\lambda$ 与 κ 成正比：

$$\Delta\lambda = \frac{\kappa\lambda_{\mathrm{s}}^2}{\pi n_{\mathrm{eff}}} \tag{5.16}$$

对于光栅阻带内的波长，正、反向传输的模场振幅沿光栅的长度呈指数增长/衰减，而对于阻带外的波长，它们均是正弦衰减的。光栅耦合强度通常用无量纲量 κL 来表示。值得注意的是，布拉格光栅的光谱特性并不是完全由 κL 值决定的，因为长的弱光栅的反射光谱，比短的强光栅的反射光谱要窄得多，尽管它们的峰值反射率相等。基于掺铒材料，可以在较大的光栅强度中实现单纵模激光输出，其范围通常设计为 $4<\kappa L<7$。

此外，光栅波导激光器结构的泵浦传输方程如下：

$$\frac{\mathrm{d}P_{\mathrm{p}}(z)}{\mathrm{d}z} = g_{\mathrm{p}}(z)P_{\mathrm{p}}(z) \tag{5.17}$$

式中，$g_{\mathrm{p}}(z)$ 是单位长度掺铒波导对泵浦光的净吸收系数。考虑到铒镱离子间的敏化作用，表达式如下：

$$g_{\mathrm{p}}(z) = -\Gamma_{\mathrm{p}}[\sigma_{13}N_1(z) + \sigma_{12}^{\mathrm{Yb}}N_1^{\mathrm{Yb}}(z) - \sigma_{21}^{\mathrm{Yb}}N_2^{\mathrm{Yb}}(z)] - \alpha(v_{\mathrm{p}}) \tag{5.18}$$

由于光栅参数（如光栅周期和光学增益）沿波导长度通常不是恒定的，因此，在建模中将激光器的波导结构分成若干段，其中每个段的光栅参数假定为常数。采用迭代法，其中，对于给定的泵浦功率，首先假设一个输出激光功率 $P_{\mathrm{L}}^{\mathrm{B}}(0)$。对于每一段，首先计算泵浦衰减和激光增益，然后计算该段的传输矩阵。接着计算所有部分，得到剩余的泵浦功率 $P_{\mathrm{p}}(0)$ 和非零输入功率 $P_{\mathrm{L}}^{\mathrm{B}}(L)$。然后迭代地调整假定的输出功率 $P_{\mathrm{L}}^{\mathrm{B}}(0)$，直到满足边界条件 $P_{\mathrm{L}}^{\mathrm{B}}(L) = 0$（或误差小于预定值）。

5.2　硅基掺铒光波导激光器的设计与分析

基于 5.1 节的模型和谐振腔结构，本节将以铒硅酸盐材料体系为例，介绍硅基掺铒光波导激光器的结构设计方法与性能分析，基于其他掺铒材料的器件设计与分析与此类似，本章中不再讨论。

5.2.1　硅基掺铒 F-P 腔型光波导激光器的设计与性能分析

F-P 谐振腔通常是硅基掺铒光波导激光器获得有效激光输出的关键。本节考虑在铒总浓度为 1.62×10^{22} cm^{-3} 的条件下，以 980 nm 的波长泵浦直径为 1 μm 的铒硅酸盐波导。Yb:Er 比值设定为 2.2∶1。在两端设计端面 F-P 谐振腔，其通过使用一个高反射器（M1：在 980 nm 波长下 $T_{1\mathrm{p}}=92\%$，在 1532 nm 波长下 $R_{1\mathrm{s}}=99.8\%$）和另一端的部分反射输出耦合器（M2：在 980 nm 波长下 $R_{2\mathrm{p}}=99.8\%$，在 1532 nm 波长下 $R_{2\mathrm{s}}=95\%$）组成。最终可获得稳定的激光输出。

图 5.5 展示了铒硅酸盐光波导激光器的输出功率与不同泵浦功率下腔长的函数关系。结果表明，在一个稳定的激光振荡中，光波在往返过程中没有功率损失。可以定义光学谐振腔的阈值增益 g_{th}，使光子稳态振荡条件为

$$\varGamma g_{\mathrm{th}} = \frac{1}{2L} \ln\left(\frac{1}{R_1 R_2}\right) \tag{5.19}$$

因此，对于固定的 R_1、R_2 和 $\varGamma$，可以得到阈值谐振腔长度，如图 5.5（a）所示。该器件的阈值谐振腔长度约为 12 μm，满足了小尺寸激光器规模集成的需求。阈值腔长随泵浦功率的减小而增大，因为在低泵浦功率下，激光振荡需要更长的光放大距离。图 5.5（b）表明，输出信号功率随谐振腔长度的增加而增加，谐振腔长度小于最佳腔长时，输出信号功率趋于减小。较长的谐振腔长度会导致泵浦距离不足，从而导致信号光的吸收。因此，最佳谐振腔长度随泵浦功率的增大而增大。在 330 μm 腔长、泵浦功率为 100 mW 时，输出信号功率可达 50 mW，功率转换效率接近 50%。

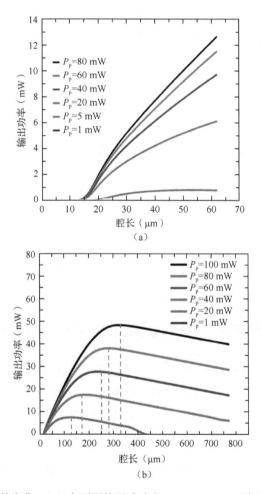

图 5.5　输出功率随腔长的变化。（a）在不同的泵浦功率（1～80 mW）下短腔长的输出功率，在泵浦功率为 75.6 mW 时，阈值谐振腔长度约为 12 μm；（b）在不同的泵浦功率（1～100 mW）下长腔长的输出功率，当泵浦功率为 20 mW、40 mW、60 mW、80 mW 和 100 mW 时，最佳腔长分别为 130 μm、170 μm、250 μm、290 μm 和 330 μm

　　图 5.6 展示了铒硅酸盐光波导激光器在不同腔长下输出功率随泵浦功率的变化。图 5.6（a）中的结果表明，输出信号功率随着泵浦功率的增加而增加，并逐渐饱和。这是因为信号功率的增加进一步增强了铒离子的受激辐射，从而导致激发态铒离子浓度的迅速降低。这种减少反过来又抑制了信号的进一步放大，导致激光输出饱和随着腔长的增加而减慢。图 5.6（b）展示了将上述最佳谐振腔长度应用于铒硅酸盐光波导激光器的输出结果。从图中可以评估产生振荡的阈值泵浦功率。激光输出功率随腔长的增加而增大，但阈值泵浦功率也随之增大。当谐振器长度小于 60 μm 时，阈值泵浦功率约为 3.3 mW。然后，如图 5.6（b）的插图所示，对于 130 μm、170 μm、250 μm、290 μm 和 330 μm 的谐振器长度，阈值泵浦功率分别约为 5 mW、7 mW、11 mW、13 mW 和 15 mW。

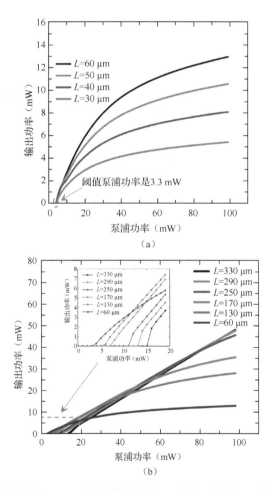

（a）

（b）

图 5.6　在（a）不同的短腔长和（b）不同的最佳腔长下，输出功率与泵浦功率的关系；（b）中的插图显示了泵浦功率为 0～20 mW 的虚线区域的放大视图

5.2.2　硅基掺铒光栅型光波导激光器的设计与性能分析

基于高增益铒硅酸盐薄膜材料，本节设计了面向单片集成的硅基铒硅酸盐光栅型光波导激光器，此类激光器结构如图 5.7 所示，是基于低损耗的氮化硅-氧化硅调节层-增益材料混合型波导结构，并在波导中设计了具体的 DFB/DBR 谐振腔结构。依据耦合模方程对该 DFB/DBR 器件结构建模分析，包括结构参数确立、耦合模方程建模以及有限元数值激光特性分析，对器件性能有一个全面的评估。

具体来说，通过对 DBR/DFB 谐振腔结构光场分布的计算，设计合理的器件结构参数，包括氧化层调节厚度、氮化硅波导尺寸、光栅占空比、光栅周期、齿深、谐振腔长度等，并仿真分析不同谐振腔参数对激光输出特性的影响，合理预估器件的输出性能。

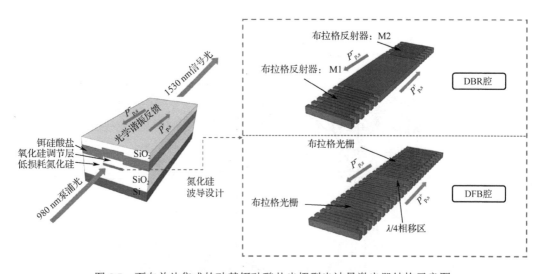

图 5.7　面向单片集成的硅基铒硅酸盐光栅型光波导激光器结构示意图

1．硅基掺铒 DBR 光波导激光器的设计与性能分析

DBR 谐振腔可以看作一个等效的 F-P 腔，但其两端的"反射镜"由两个与波导整体集成的布拉格光栅组成，因此，DBR 谐振腔中的光在波导两侧沿着布拉格光栅的长度以分布方式反射。与介质涂层形成的 F-P 腔相比，这种 DBR 波导结构提供了更窄的反射带宽。对硅基铒硅酸盐 DBR 光波导激光器来说，两端的布拉格反射光栅上方也会覆盖铒硅酸盐增益包层，以提高增益材料的作用区间。整个 DBR 波导谐振腔结构参数如图 5.8 所示，其具体设计如下所述。

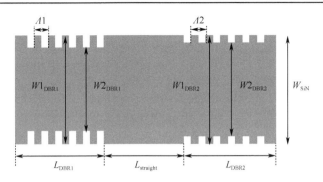

图 5.8　DBR 波导谐振腔结构参数示意图

（1）光栅周期（Λ）：控制谐振腔振荡的中心波长，需保持与铒硅酸盐材料最强的光谱峰一致，取为 1535 nm，并根据布拉格条件［式（5.1）］设计两侧的 DBR 光栅周期。

（2）光栅占空比（D）：改变光栅中光场模式折射率分布，进而影响光栅的耦合系数，通常取占空比为 $1:1$。

（3）左、右侧光栅齿深（$W1_{DBR1,2}$-$W2_{DBR1,2}$）、DBR 光栅长度（$L_{DBR1,2}$）：齿深主要改变了光栅中的最高有效折射率（n_h）和低有效折射率（n_l），可通过下式计算：

$$n_{eff} = \sqrt{\frac{\int_{-T/2}^{T/2} n^2(x,y)E(x,y)\mathrm{d}y}{\int_{-T/2}^{T/2} E(x,y)\mathrm{d}y}} \qquad (5.20)$$

依据式（5.15），光栅的占空比和齿深的设计决定了光栅的强度 κL，进而影响了两端的反射率。如考虑右侧出光，则需保持左侧布拉格光栅（DBR1）的反射率最大，设计接近 100%，以保证最大的激光振荡反馈效果；右侧布拉格光栅（DBR2）的反射率通常控制在 85% 以上，在保证激光振荡反馈效果的同时还需要使光场较好的端面耦合出来。设计中单侧 DBR 的反射率与齿深的关系如图 5.9 所示。通常，为减小波导总长度，两侧 DBR 光栅长度设置在 1.5 mm 左右，以获得更高的反射率与适中的耦合距离。且 DBR 反射率随着齿深的增加而增加，可在 85%～99.9% 之间调节，用于激光反射和输出。

（4）中间无光栅区长度 $L_{straight}$：对硅基铒硅酸盐光波导激光器而言，存在着一个最佳腔长：谐振腔长度小于最佳腔长时，激光输出功率趋于减小；较长的谐振腔长度会导致泵浦吸收的问题。$L_{straight}$ 的长度需依据最佳谐振腔长度进行设计，以保证最佳的输出性能。实际中，波导中光场谐振的长度不完全等于中间无光栅区长度，光场会部分地穿透两侧的布拉格反射光栅，因此，有效的腔长应为光两端的布拉格反射光栅之间的距离加上光线穿透两个布拉格反射光栅的深度。对于长度为 L_{DBR} 的均匀布拉格光栅，布拉格波长处的穿透深度由下式给出：

$$L_{pen} = \frac{\tanh(\kappa L_{DBR})}{2\kappa} \qquad (5.21)$$

因此，DBR 谐振腔有效腔长为

$$L_{eff} = 2L_{pen} + L_{straight} \qquad (5.22)$$

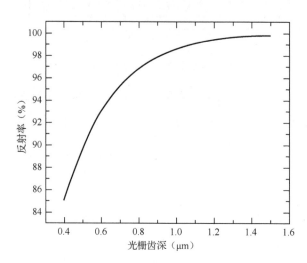

图 5.9　光栅长度为 1.5 mm 时 DBR 反射率与光栅齿深的关系

在上述设计下，DBR 波导谐振腔的反射谱如图 5.10 所示。可以看到，当有效腔长小于两个布拉格反射器阻带的谱宽时，DBR 波导谐振腔可以支持多个共振模式。各共振模式之间的波长间隔（自由光谱范围）可以计算如下：

$$\Delta\lambda_{FSR} = \frac{\lambda_B^2}{2n_{eff}L_{eff}} \qquad (5.23)$$

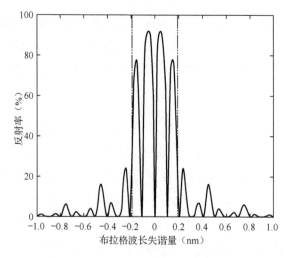

图 5.10　DBR 波导谐振腔的反射谱[8]

图中两条垂直黑色虚线之间的区域表示光栅阻带。可以看到，光栅对谐振波长具有十分强的选择性，对于偏离中心波长的反射率，可以抑制到很低的程度，以保证较好的中心模式谐振。

综上所述，优化后的硅基铒硅酸盐 DBR 光波导激光器的结构参数如表 5.1 所示。

表 5.1　优化后的硅基铒硅酸盐 DBR 光波导激光器的结构参数

参 数 名 称	参 数 取 值
衬底 SiO$_2$ 厚度	大于 5 μm
铒硅酸盐增益层厚度	1 μm
导模波导厚度	100 nm
导模波导宽度	4 μm
SiO$_2$ 隔离层厚度	100 nm
左侧 DBR 光栅周期	470 nm
左侧 DBR 光栅占空比	50%
左侧 DBR 光栅齿深	1.29 μm
左侧 DBR 光栅长度	1.5 mm
右侧 DBR 光栅周期	470 nm
右侧 DBR 光栅占空比	50%
右侧 DBR 光栅齿深	0.42 μm
右侧 DBR 光栅长度	1.5 mm
中间无光栅区波导长度	1～3 mm

利用上述谐振腔的设计并结合铒硅酸盐波导放大器参数，可以对硅基铒硅酸盐 DBR 光波导激光器的性能进行评估与预测。图 5.11（a）展示了在 100 mW 泵浦功率下，激光器的输出功率与无光栅区长度（$L_{straight}$）的关系。结果表明，在一个稳定的激光振荡中，光波在往返过程中没有功率损失。因此，对于固定的端面反射率和限制因子，可以找到阈值腔长度。由于端面反射率较高，阈值谐振腔长度较小，推测在 0.3 μm 附近。图 5.11（a）还表明，激光器输出功率随着无光栅区长度（$L_{straight}$）以及泵浦功率的增加而增加，达到最佳长度后开始迅速下降。这是由于较长的谐振腔长度导致泵浦距离的不足，从而导致粒子数反转难以形成，材料将直接吸收信号光而不是产生增益作用，因此激光输出功率将大幅下降。在 2.2 mm 腔长、泵浦功率为 100 mW 时，输出信号功率可超过 40 mW，功率转换效率在 40% 左右。

图 5.11（b）展示了不同无光栅区长度（$L_{straight}$）下硅基铒硅酸盐 DBR 光波导激光器输出功率随泵浦功率的关系。输出功率随泵浦功率的增加而增大并逐渐饱和。这是因为激光功率的增加会更快地消耗激发态的铒离子浓度，这种负反馈效果抑制了信号

的进一步放大，导致激光器输出饱和。此外，激光器输出功率随腔长的增加而增大，其泵浦饱和度与饱和阈值泵浦功率也随之增大。结果表明，阈值泵浦功率在 1 mm 无光栅区长度下约为 20 mW，在 1.5 mm 下约为 32 mW，在 2 mm 下约为 45 mW，在 2.5 mm 下约为 52 mW，在 3 mm 下约为 65 mW。这种结构的激光功率转换效率和阈值泵浦功率是相互竞争的，需结合实际情况折中考虑：小尺寸激光器可用于降低输入泵浦功率，而大尺寸激光器可用于提高功率转换效率。

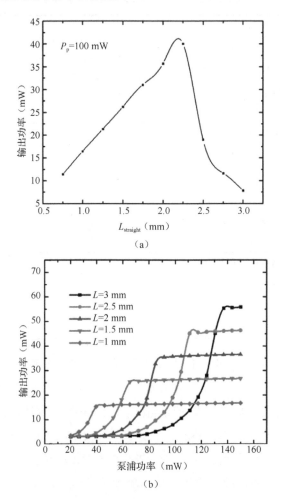

图 5.11 硅基铒硅酸盐 DBR 光波导激光器（a）在 100 mW 泵浦功率下，激光器输出功率与无光栅区长度（$L_{straight}$）的关系；（b）在不同无光栅区长度（1～3 mm）下，激光器输出功率与泵浦功率（0～150 mW）的关系。当无光栅区长度为 1 mm、1.5 mm、2 mm、2.5 mm 和 3 mm 时，阈值泵浦功率分别达到 20 mW、32 mW、45 mW、52 mW 和 65 mW

　　总的来说，DBR 激光器的性能依赖于光栅的反射率以及有源区与光栅区之间的耦合。DBR 激光器中的光栅对谐振波长具有十分强的选择性，而反射率的最大值与光栅选择出来的波长、增益的分布、光波的相位等相互关联在一起，共同决定受激发射的行为。正是这些因素一起影响了激光器的工作特性。为保证 DBR 激光器在布拉格反射

阻带内的单一纵模工作，要求无光栅区长度（L_{straight}）满足

$$L_{\text{straight}} < \frac{\pi - 2\tanh(kL_{\text{DBR}})}{2\kappa} \tag{5.24}$$

然而，上面讨论的泵浦光的最佳吸收长度对腔的长度有一个较低的限制，以保证泵浦的充分吸收，因此 L_{straight} 不一定短到足以满足单纵模的要求。此外，尽管 DBR 激光器也能够获得单模工作，但是其单模工作的稳定性不如 DFB 激光器。光波在 DBR 激光器的谐振腔内传输时光栅会改变相位，在有源区内的传输也会改变相位。光波在谐振腔内来回反射之后的相位变化必须是 2π 的整数倍才能够形成激光，这些因素导致 DBR 激光器的稳定性变差。DBR 激光器中光栅的反射率大小和增益半高宽的大小，都会影响其阈值增益和外微分量子效率。反射率大时增益半高宽也较大，如果激光器的纵模间隔较小，导致多模工作，器件就不能维持单模输出。要想实现 DBR 激光器的单模输出，必须优化光栅同有源区之间的耦合系数。此外，耦合系数的大小对激光器的阈值增益产生直接的影响。因此，DBR 对耦合系数有非常严格的要求，显然，这在设计和制造上增加了困难。总之，DBR 激光器的性能并不比 DFB 激光器好，后续设计中更多的还是采用 DFB 结构。

2. 硅基掺铒 DFB 光波导激光器的设计与性能分析

DFB 波导谐振腔结构相较于 DBR 结构，布拉格光栅分布于整个有源层之下，相位变化以及耦合系数均相对较小，因此具有更好的单模稳定性以及更窄的激光线宽。DFB 波导谐振腔结构参数如图 5.12 所示，其具体设计介绍如下。

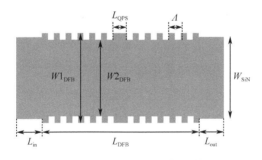

图 5.12　DFB 波导谐振腔结构参数示意图

（1）光栅周期（Λ）：控制谐振腔振荡的中心波长，需保持与铒硅酸盐材料最强的光谱峰一致，取 1535 nm，并根据布拉格条件［式（5.1）］设计 DFB 光栅周期。

（2）光栅占空比（D）：它是一个光栅周期内高、低部分长度的比，改变光栅中光场模式折射率分布，进而影响光栅的耦合系数，通常取占空比为 1:1。

（3）左、右侧光栅齿深（$W1_{\text{DFB}}$-$W2_{\text{DFB}}$）、DFB 光栅长度（L_{DFB}）：与 DBR 设计类

似，齿深主要改变了光栅中的最高有效折射率（n_h）和低有效折射率（n_l），依据式（5.15），光栅的占空比、齿深以及长度的设计决定了光栅的强度 κL，进而影响了光场的耦合效率。值得注意的是，基于铒掺杂和铒硅酸盐的两种激光器的 κL 值是不同的。铒掺杂的激光器通常具有值为 4～7 的光栅强度，而对于铒硅酸盐光波导激光器，该值应设置得更小。这种光栅强度的差异，很大程度上是由于单位长度增益的差异。由于铒硅酸盐光波导激光器的高增益特性，对于 $\kappa L>1$ 的谐振腔，通常很难实现单纵模工作，因为腔内有足够的增益来支持更高阶的纵模。因此，铒硅酸盐光波导激光器的光栅强度应设置为 $\kappa L\approx1$，以保证单纵模的激光输出，对应于 DFB 光栅齿深为 0.65 μm，波导长度（L_{DFB}）范围可控制在 4.5～6.5 mm，结合最佳泵浦长度一起考虑。

（4）相移区（L_{QPS}）：为了在布拉格波长处实现单模共振，应在结构中增加一个额外的往返相位，以满足共振条件。这个所需的额外相移正好对应于布拉格波长的四分之一，称之为 λ/4 相移区（QPS），根据式（5.1）给出的布拉格条件，这相当于半周期光栅结构的变化。在 DFB 腔中心引入这种 λ/4 相移区，以保证单模激光器的稳定输出，从而抑制信号传输过程中的相移。

最终，这种 λ/4 相移的 DFB 光栅的反射系数可由下式计算：

$$R = \left| \frac{2\kappa\delta\sinh^2(\rho L_{DFB}/2)}{\kappa^2 - \delta^2\cosh(\rho L) + i\rho\delta\sinh(\rho L)} \right|^2 \tag{5.25}$$

在上述设计下，DFB 波导谐振腔的反射谱如图 5.13 所示。这种 DFB 与均匀布拉格光栅的主要区别在于，在布拉格波长处已完全满足单模共振条件。因此，这种 λ/4 相移的 DFB 光栅的光学响应将发生改变，使得其阻带中心内出现了一种极端窄共振（图中间的窄带）。这种窄共振发生在相移区，从该区域开始，功率将沿着两侧的布拉格光栅呈指数衰减。由于布拉格波长处的谐振模式经历了最强的光反馈（最高的反射率），因此，当这种结构用作激光器谐振腔时，它具有最低的阈值增益。换言之，通过在腔中引入 λ/4 相移，可以很好地消除均匀布拉格光栅中的模式简并。

然而，λ/4 相移 DFB 波导也存在着问题。图 5.14 拟合了 DFB 波导谐振腔内的功率变化以及增益分布。可以看到，当上述 λ/4 相移区位于有源区中心时，激光器的光场分布在中心处不再是连续变化的，而是在中心处出现尖峰［图 5.14（a）］，且尖峰的高度随着耦合系数的增大而增大，此处的光场高度集中，激发态的铒离子大量地消耗，增益急速降低［图 5.14（b）］，形成空间烧孔效应，破坏激光器光输出的单模稳定性，增加了线宽。图 5.14（c）反映了 λ/4 相移位于波导中心是不利的，结果可以发现，相移区越靠近中心（$0.5L_{DFB}$ 处），光场能量越高，烧孔效应越明显，因此，λ/4 相移区应适当地偏离有源区的中心，靠近一个端面，会更有利于获得稳定的单纵模。

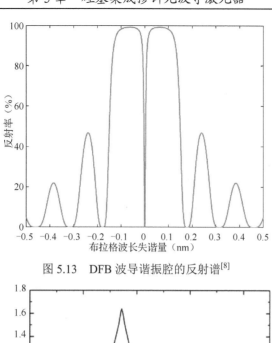

图 5.13　DFB 波导谐振腔的反射谱[8]

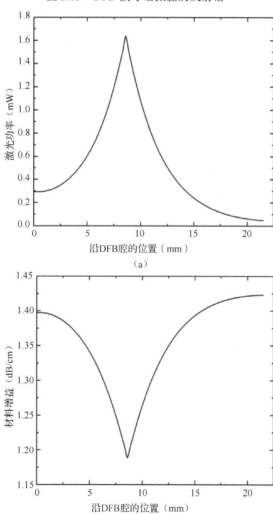

图 5.14　带 λ/4 相移的 DFB 波导谐振腔中：（a）激光功率与位置的关系；（b）材料增益与位置的关系；
（c）不同相移区位置下激光功率的分布

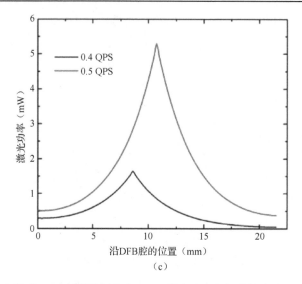

图 5.14（续）　带 λ/4 相移的 DFB 波导谐振腔中：（a）激光功率与位置的关系；（b）材料增益与位置的关系；（c）不同相移区位置下激光功率的分布

综上所述，优化后的硅基铒硅酸盐 DFB 光波导激光器的结构参数如表 5.2 所示。

表 5.2　优化后的硅基铒硅酸盐 DFB 光波导激光器的结构参数

参 数 名 称	取 值
衬底 SiO₂ 厚度	大于 5 μm
铒硅酸盐增益层厚度	1 μm
导模波导厚度	100 nm
导模波导宽度	4 μm
SiO₂ 隔离层厚度	100 nm
DFB 光栅周期	470 nm
DFB 光栅占空比	50%
DFB 光栅齿深	0.65 μm
DFB λ/4 相移区长度	470 nm
波导长度	4~8 mm

利用上述谐振腔的设计并结合铒硅酸盐波导放大器参数，可以对硅基铒硅酸盐 DFB 光波导激光器的性能进行评估与预测。图 5.15 展示了在不同泵浦功率下激光器的输出功率与腔长的关系。与 DBR 激光器趋势类似，由于泵浦吸收饱和，激光输出功率随着谐振腔长度的增加而增加，逐渐趋于饱和甚至下降。因此，在不同的泵浦功率下均存在着最佳谐振腔长度，且其随泵浦功率的增大而增大。

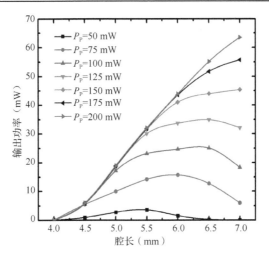

图 5.15　不同泵浦功率下（50～200 mW）硅基铒硅酸盐 DFB 光波导激光器输出功率与腔长的关系

　　结合以上论述中的最佳腔长，图 5.16 展示了不同腔长下硅基铒硅酸盐 DFB 光波导激光器的输出功率与泵浦功率的关系。当铒离子粒子数反转到激发态时，铒硅酸盐层将在 1535 nm 附近产生光学增益，然后在谐振腔中通过稳定的激光振荡获得激光输出。需要注意的是，DFB 波导的长度应设置在 4.5～6.5 mm 的合理范围内：较短的 DFB 腔具有微弱的光反馈和较低的增益，导致激光输出功率较低。随着谐振腔长度的增加，当其逐渐超过泵浦饱和长度时，所超出的波导中的铒离子就不会被激发；因此，在这部分波导中没有形成粒子数反转，信号将被吸收。从图 5.16 中可以看出，激光输出功率随着泵浦功率的增加而增大并逐渐饱和。这是因为信号功率的增加进一步增强了铒离子的受激辐射，从而导致激发态铒离子浓度的迅速降低。这种减少反过来又抑制了信号的进一步放大，导致激光输出饱和，且随着腔长的增加，饱和速度逐渐减慢。

　　铒硅酸盐材料的不均匀性，造成光栅的吸收、衍射、折射和散射等损耗因素。为了保持和加强谐振腔中的光振荡，要继续实现激光输出，增益必须大于损耗。因此，光学谐振腔存在一个阈值增益来保证光子的稳态振荡条件，这将对应于一个阈值泵浦功率。随着谐振腔长度的增加，激光器的阈值泵浦功率增大。如图 5.16 的插图所示，当谐振器长度分别小于 4.5 mm、5 mm、5.5 mm、6 mm 和 6.5 mm 时，阈值泵浦功率分别达到 24 mW、30 mW、38 mW、44 mW 和 47 mW。激光器的输出功率、阈值泵浦功率具有一定的竞争性，应结合实际需要考虑折中：可以采用较小尺寸的激光器来降低输入泵浦功率，而可以使用较大尺寸的激光器来提高激光器的输出功率和效率。激光腔可设置为 5.5 mm，阈值和输出功率适中。当泵浦功率为 100 mW 时，输出功率可达 23 mW 左右，最大功率转换效率高达 28%左右。与厘米级尺寸的铒掺杂型硅基激光器相比，这种铒硅酸盐型硅基激光器可以有效地减小激光器的尺寸，更好地适应规模集成的要求。

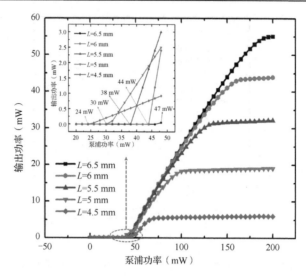

图 5.16　在不同腔长（4.5～6.5 mm）下，硅基铒硅酸盐 DFB 光波导激光器输出功率与泵浦功率（0～200 mW）的关系。插图显示了泵浦功率为 20～50 mW 时虚线区域的放大视图

在相同的总长度下，DBR 腔较 DFB 腔具有更高的激光输出功率，以及更高的阈值，这是由于 DBR 的激光谐振作用更强，更强的激光振荡反馈带来了更高的功率输出，以及更强的泵浦吸收（更大的阈值）。

5.3　基于混合型谐振腔的硅基掺铒光波导激光器的设计与分析

5.3.1　基于泵浦光谐振外腔的硅基掺铒光波导激光器

为了进一步提高激光器的性能，本节设计了新型的硅基铒硅酸盐-氮化硅混合薄膜条形加载型 DFB 光波导激光器，器件结构如图 5.17（a）所示。首先，采用铒硅酸盐-氮化硅（Si$_3$N$_4$）混合薄膜有效降低了波导损耗。其次，条形加载型 DFB 波导解决了铒硅酸盐激光器谐振腔的刻蚀问题。通过对 DFB 加载波导层形成稳定、高性能的激光振荡，避免了增益层的直接刻蚀。激光波导的横截面结构如图 5.17（b）所示。波导结构设计的关键是提高增益层的限制因子和泵浦光（980 nm）与信号光（1535 nm）的重叠强度。将铒硅酸盐薄膜和氮化硅亚层的厚度分别优化为 500 nm 和 40 nm，使得增益层中的泵浦模式和信号模式具有更高的限制因子。将条形加载波导的宽度和高度分别优化为 4.5 μm 和 300 nm，增强了加载区对光场的限制作用。为了保证光场在波导中的单模传输，在条形加载波导和增益层之间增加了一层 180 nm 的 SiO$_2$ 间隔层，以减少高折射率材料中光场的引导作用，增加加载区域对增益层光场的限制作用。在上述结构下，泵浦光和信号光在增益区的光场分布如图 5.17（c）所示，经计算，泵浦光和信号光在增益区的限制因子分别为 95% 和 91%。

更进一步地，对波导型谐振腔进行优化。在原谐振腔参数不变的情况下，增加两种谐振外腔。一种是泵浦谐振外腔，提高了泵浦吸收效率；另一个是信号谐振外腔，它提供额外的 1535 nm 光反馈。两个外腔都大大降低了阈值，提高了激光输出和效率，下文将做详细的讨论。

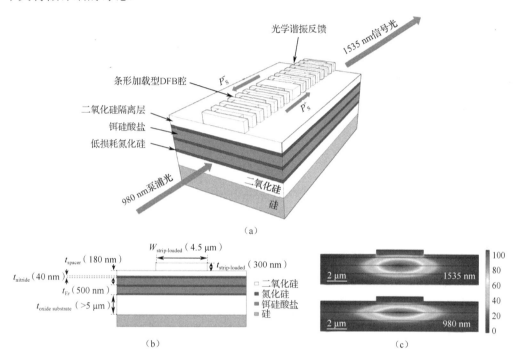

图 5.17　新型的硅基铒硅酸盐-氮化硅混合薄膜条形加载型 DFB 光波导激光器：（a）结构示意图；（b）截面参数示意图；（c）泵浦光和信号光在增益区的光场分布

图 5.18 展示了具有 980 nm 泵浦谐振外腔的条形加载型 DFB 谐振腔的结构。这种混合腔是通过在普通条形加载型 DFB 谐振腔的两侧增加两个 980 nm 外部 DBR 光栅来实现附加泵浦谐振的。其中，条形加载型 DFB 腔（1535 nm）的参数与 5.2.2 节的设计保持一致，而 DBR 泵浦谐振外腔的几何结构是通过泵浦谐振的品质因子（Q 值）匹配来设计的。为了保证泵谱在外腔中的谐振损耗小于 DFB 内腔中的谐振损耗，必须控制外腔 DBR 腔的 Q 值。因此，泵浦光谐振外腔 DBR 光栅的设计是基于 DBR 外腔 Q 值与 DFB 内腔 Q 值的匹配，以维持两个腔的临界耦合状态[12]。

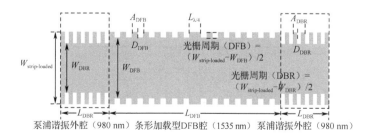

图 5.18　具有 980 nm 泵浦谐振外腔的条形加载型 DFB 谐振腔的结构

DFB 内腔 Q 值可由谐振腔的带宽计算得出[13]：

$$Q = \frac{v_0}{\Delta v_c} \tag{5.26}$$

式中，v_0 是光学谐振腔频率。Δv_c 是谐振器带宽，用光子寿命 τ_p 表示为[14]

$$\Delta v_c = \frac{1}{2\pi\tau_p} = \frac{2v_{eff}}{2\pi FL_{DFB}} + \frac{\alpha_{loss}v_{eff}}{2\pi} \tag{5.27}$$

式中，v_{eff} 是有效群速度，F 表示腔内的平均光场强度与端面反射的平均光场强度的比值，α_{loss} 损耗是单位长度的总内腔损耗。根据上述公式，计算出不同腔长度（4.5～6.5 mm）下对应的内腔 Q 值为（1.4～1.9）×10^4。

DBR 外腔 Q 值可按下式计算[9]：

$$Q = \frac{2\pi v_0}{\lg\left(\dfrac{1}{R^2}\right)\dfrac{v_c}{2L_{DBR}}} \tag{5.28}$$

式中，v_c 是相速度，R 是 DBR 光栅的反射率。图 5.19 给出了不同腔长下的外部 Q 值与内部 Q 值的匹配曲线。DBR 外腔的 Q 值随 DBR 光栅齿深的增加而增大。这是因为较深的齿具有更大的光反馈，从而产生更大的反射率。Q 值匹配点是虚线（不同腔长的内部 Q）与图中曲线（实线）的交点。因此，对于 4.5 mm、5 mm、5.5 mm、6 mm 和 6.5 mm 的 DFB 内腔长度，其 Q 值匹配的 DBR 外腔光栅齿深分别为 0.41 μm、0.42 μm、0.43 μm、0.44 μm 和 0.45 μm。

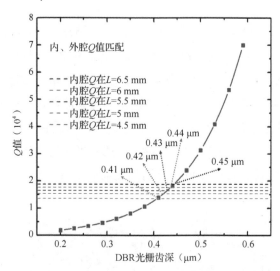

图 5.19 DBR 外腔 Q 值与 DBR 光栅齿深的关系（实线）。Q 值匹配点是外腔 Q 值（实线）与内腔 Q 值（虚线）的交点

综上所述，DBR 外腔设计参数如表 5.3 所示。

表 5.3　DBR 外腔设计参数

参 数 名 称	符 　号	取 　值
DBR 光栅周期	Λ_{DBR}	311 nm
DBR 光栅占空比	D_{DBR}	50%
DBR 光栅齿深	$(W_{strip\text{-}loaded}-W_{DBR})/2$	0.41～0.45 μm
DBR 光栅长度	L_{DBR}	140 μm

在设计了外腔 DBR 光栅后，可建立泵浦光的共振传输方程，以拟合谐振外腔的增强效应。由于谐振腔中泵浦光同时进行正向传输和反向传输，必须在两个方向改变传输方程。因此，泵浦传输方程改写如下：

$$\frac{dP_p^{\pm}(z)}{dz} = \mp\Gamma_p[\sigma_{13}N_1(z) + \sigma_{12}^{Yb}N_1^{Yb}(z)\sigma_{21}^{Yb}N_2^{Yb}(z)]P_p^{\pm}(z) \mp \alpha(\nu_p)P_p^{\pm}(z) \qquad (5.29)$$

该方程的边界条件如下：

$$\begin{cases} P_p^-(L) = RP_p^+(L) \\ P_p^+(0) = RP_p^-(0) + (1-R)P_{input\ pump} \end{cases} \qquad (5.30)$$

图 5.20 展示了这种基于泵浦光谐振外腔的硅基铒硅酸盐光波导激光器在不同腔长下的激光输出功率随泵浦功率的变化。可以看出，输出功率的变化趋势与上节中的普通型 DFB 谐振腔一致。激光输出功率随泵浦功率的增大而增大，并逐渐饱和。在优化泵浦外腔的作用下，激光器的输出性能得到了改善。在泵浦功率为 100 mW 的情况下，5.5 mm 腔长的激光器输出功率可达 33 mW 左右，最大功率转换效率高达 45% 左右。这比不设计 DBR 泵浦谐振外腔的普通型 DFB 波导激光器高出约 1.6 倍。由于泵浦效率的提高，激光器的阈值泵浦功率也有所降低。如图 5.20 的插图所示，当谐振腔长度分别为 4.5 mm、5 mm、5.5 mm、6 mm 和 6.5 mm 时，对应的阈值泵浦光功率分别为 12 mW、18 mW、26 mW、32 mW 和 36 mW。总体来说，在设计泵浦外腔后，阈值功率可降低约 23%。

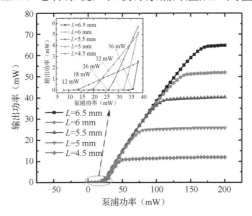

图 5.20　在不同腔长（4.5～6.5 mm）下，基于泵浦光谐振外腔的硅基铒硅酸盐光波导激光器输出功率与泵浦功率（0～200 mW）的关系。这种外部 DBR 腔的参数设计基于泵浦共振的 Q 值匹配。与普通型 DFB 光栅相比，外腔光栅更窄、更深，其参数参见表 5.3。插图显示了泵浦功率为 5～40 mW 的虚线区域的放大视图

5.3.2　基于信号光谐振外腔的硅基掺铒光波导激光器

图 5.21 展示了带有 1535 nm 信号谐振外腔的条形加载型 DFB 谐振腔的结构。这种混合腔通过在普通条形加载型 DFB 谐振腔的一侧增加一个 1535 nm 的 DFB 外腔光栅来增强信号光反馈强度。其中，条形加载型 DFB 谐振腔（1535 nm）称为有源区（Active Section，AS），参数与 5.2.2 节的设计保持一致，而外部的 DFB 光栅，也称为反射区（Reflection Section，RS），是根据针对泵浦光完全吸收的临界反射率设计的。通过设计外腔的反射率，保证泵浦光在 AS 区中完全被增益材料所吸收，在这种情况下，RS 区中没有增益效应，外腔仅作为一个针对信号波长（1535 nm）的布拉格反射器。

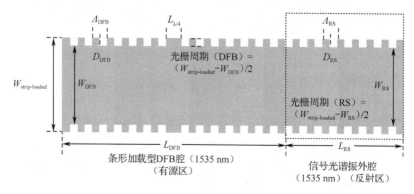

图 5.21　带有 1535 nm 信号谐振外腔的条形加载型 DFB 谐振腔的结构

RS 区的反射率取决于它的长度和光栅的几何参数。首先，光栅周期按 1535 nm 的信号中心波长设计，而 RS 区的光栅齿深应与 AS 区保持一致，以保证相位在这两个区域的界面上是连续的。因此，RS 区长度（L_{RS}）的设计是决定其反射率的关键；其次，在设计 RS 区反射率时，需考虑 AS 区中的泵浦光吸收。RS 区的反射率越大，信号反馈强度越大，信号功率的增加进一步增强了 AS 区中增益介质中铒离子的受激辐射，从而进一步增强了泵浦吸收。当 RS 的反射率达到一个临界值时，输入的泵浦功率将被 AS 区完全吸收。

图 5.22 展示了 RS 区的这种临界反射率与 AS 区长度的关系。反射率可依据式（5.25）进行计算。在临界反射率下，确保了在不同的输入泵浦功率下，AS 区对泵浦功率的完全吸收。在一定的泵浦功率下，随着 AS 长度的增加，临界反射率降低。这是因为 AS 区的长度越长，其对泵浦光吸收越强，因此，仅需要较弱的 RS 反射率就能保证 AS 区对泵浦光的完全吸收。在一定的 AS 区长度下，随着泵浦功率的增大，需要更强的 RS 反射作用，因此临界反射率也增大。在确定了临界反射率后，RS 区的长度可设计为 0.5～3.5 mm。

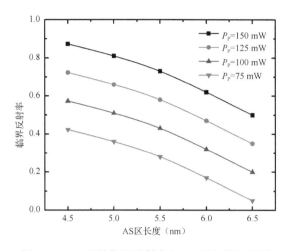

图 5.22　RS 区的临界反射率与 AS 区长度的关系

综上所述，信号反射外腔设计参数如表 5.4 所示。这种外部 DFB 光栅可以为激光器提供额外的、相位控制良好的反馈，进一步提高激光器的输出功率，降低阈值。

表 5.4　DFB 外腔设计参数

参 数 名 称	符　号	取　值
RS 光栅周期	Λ_{RS}	470 nm
RS 光栅占空比	D_{RS}	50%
RS 光栅齿深	$(W_{\text{strip-loaded}} - W_{RS})/2$	0.65 μm
RS 长度	L_{RS}	0.5～3.5 mm

在设计完 DFB 外腔光栅后，可建立谐振外腔增强的信号光耦合模方程。由于两部分之间的光场传输有所差异，耦合模方程必须改写成分段方程的形式。对于 AS 区中的信号，耦合模方程仍然由式（5.7）拟合，而无增益效应的 RS 区的耦合模方程表示如下：

$$\begin{cases} \dfrac{dA(z)}{dz} = -j\kappa B(z)\exp(j2\Delta\beta z - j\pi) \\ \dfrac{dB(z)}{dz} = -j\kappa A(z)\exp(-j2\Delta\beta z + j\pi) \end{cases} \tag{5.31}$$

其 AS 区与 RS 区界面处的边界条件如下：

$$P_s^-(L_{AS}) = R_{RS}P_s^+(L_{AS}) \tag{5.32}$$

式中，R_{RS} 是 RS 区的整体反射率。

图 5.23 展示了这种基于信号光谐振外腔的硅基铒硅酸盐光波导激光器在不同腔长下的激光输出功率随泵浦功率的变化。可以看出，输出功率的变化趋势也与普通型

DFB 谐振腔一致。激光输出功率随泵浦功率的增大而增大，并逐渐饱和。在优化后的信号外腔作用下，激光器的输出性能得以提高。在泵浦功率为 100 mW 的情况下，腔长为 5.5 mm 的激光器输出功率可达 36 mW 左右，最大功率转换效率高达 41%左右。这比无信号谐振外腔的普通型 DFB 波导激光器高出约 1.5 倍。由于引入了额外的光反馈作用，激光器的阈值泵浦功率也有所降低。如图 5.23 的插图所示，当谐振腔长度为 4.5 mm、5 mm、5.5 mm、6 mm 和 6.5 mm 时，对应的阈值泵浦功率分别为 10 mW、15 mW、20 mW、25 mW 和 30 mW。总体来说，在设计信号外腔后，阈值泵浦功率可降低约 36%。

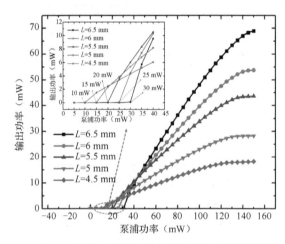

图 5.23　在不同腔长（4.5～6.5 mm）下，基于信号光谐振外腔的硅基铒硅酸盐光波导激光器输出功率与泵浦功率（0～150 mW）的关系。这种外部 DFB 腔的参数设计基于 AS 区泵浦完全吸收时对应的 RS 区临界反射率。与普通型 DFB 光栅相比，外腔光栅尺寸基本保持一致，其参数参见表 5.4。插图显示了泵浦功率为 5～40 mW 的虚线区域的放大视图

　　图 5.24 比较了基于条形加载型波导的普通型 DFB、泵浦谐振 DFB 和信号谐振 DFB 光波导激光器的激光输出性能。对于基于泵浦光谐振的 DFB（PR-DFB）波导，通过两侧泵浦外腔来提高泵浦效率。从结果来看，激光输出功率提高了 18.8%，最大泵浦激光转换效率提高了 1.6 倍，阈值泵浦功率降低了 23%。对于基于信号光谐振的 DFB（SR-DFB）腔，通过引入额外的信号光反馈来提高激光输出。从结果来看，激光输出功率提高 37.5%，最大泵浦激光转换效率提高 1.5 倍，阈值泵浦功率降低了 36%。总之，两种优化方案各有优缺点：PR-DFB 激光器具有较高的转换效率，但由于泵浦光吸收的增强，激光器的输出功率会提前进入饱和状态，影响激光性能的进一步提升；SR-DFB 激光器具有较大的输出功率和较低的阈值，但外光栅的设计受到临界反射率的限制，不适合大泵浦功率和短谐振腔的应用场景。

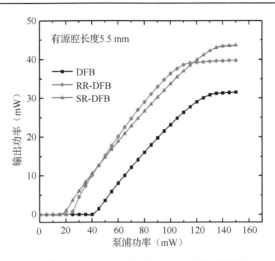

图 5.24　基于条形加载型波导的普通型 DFB、泵浦谐振 DFB 和信号谐振 DFB 光波导激光器在相同工作长度 5.5 mm 时输出功率-泵浦功率（0～150 mW）曲线的比较

表 5.5 比较了所设计的铒硅酸盐-氮化硅条形加载型 DFB 光波导激光器与其他铒掺杂材料光波导激光器在 1550 nm 波长附近的激光性能。本节以铒硅酸盐-氮化硅混合薄膜为基础，设计了两种新型附加谐振外腔的 1535 nm 条形加载型 DFB 光波导激光器。在腔长为 5.5 mm 时，最小阈值泵浦功率可低至 20 mW，最大输出功率可达 36 mW，功率转换效率接近 41%。可以清楚地看到，由于铒硅酸盐材料体系具有较高的光学材料增益，在较小尺寸下可以获得更高的激光输出功率和更高的转换效率。具体而言，激光输出功率和转换效率可提高数倍，阈值泵浦功率也可比文献报道值有所降低。

表 5.5　铒硅酸盐-氮化硅 DFB 光波导激光器与其他铒掺杂材料光波导激光器的激光性能比较

材　　料	激光波长	腔　　长	输 出 功 率	功率转换效率	阈值泵浦功率	参考文献
$Al_2O_3:Er^{3+}$	1561 nm	20 mm	超 5 mW@250 mW	2%	44 mW	[15]
$Al_2O_3:Er^{3+}$	1563 nm	23 mm	75 mW@1 W	7.5%	31 mW	[16]
$Al_2O_3:Er^{3+}$	1535 nm 1534 nm	20 mm DBR 21.5 mm DFB	0.528 mW@55 mW DBR 0.369 mW@55 mW DFB	0.96% 0.67%	38 mW 对于 DBR 25 mW 对于 DFB	[17]
$Al_2O_3:Er^{3+}$	1553 nm	1.5 cm	2.6 mW@220 mW	1.3%	24.9 mW	[18]
$Al_2O_3:Er^{3+}$	1536 nm 1565 nm	2 cm 2 cm	0.41 mW@180 mW QPS-DFB 5.43 mW@180 mW DPS-DFB	0.23% 3%	55 mW QPS-DFB 14 mW DPS-DFB	[19]
$Er:Ti:LiNbO_3$	1531 nm	6.8 cm	37.5 mW@316 mW	11.9%	116 mW	[20]
$Er:KLu(WO_4)_2$	1534 nm	3 mm	8.9 mW@116 mW	20.9%	93 mW	[21]
铒硅酸盐-氮化硅混合薄膜	1535 nm	5.5 mm 5.5 mm 5.5 mm	23 mW@100 mW DFB 33 mW@100 mW PR-DFB 36 mW@100 mW SR-DFB	28% 45% 41%	38 mW 26 mW 20 mW	本书的研究

5.3.3　基于泵浦-信号共谐振混合腔的硅基掺铒光波导激光器

窄线宽激光器具有高相干性、高频率稳定性和宽波长调谐等优点，有着很大的应用潜力。因此，在硅基光电子学平台上集成高性能窄线宽激光器，对于超高速光通信、长距离激光通信、超高分辨率激光雷达、光传感等领域的应用有着重要的意义。在传统的研究中，通常采用混合集成的Ⅲ-Ⅴ族硅基激光器解决窄线宽难点，它们在谐振腔中集成频率选择结构，或在谐振腔外与模式选择器件相互耦合，以控制不同波长的增益和损耗，从而压缩其激光线宽。它们已被证明能产生兆赫（MHz）量级的光学激光线宽，但是，这类方案需要复杂的工艺制备步骤、温度敏感性高，且传统Ⅲ-Ⅴ半导体激光器谐振腔的品质因子（Q 值），受到重掺杂 P 型和 N 型包层区域以及增益区域中自由载流子吸收的限制，存在很大的局限性。相较之下，可单片集成的硅基铒硅酸盐光波导激光器具有温度不敏感、发光寿命长、噪声低、与 CMOS 技术兼容的优点，它们更有利于大规模集成硅基激光器，通过调整波导横向几何结构，可以设计模态约束，并与相移型 DFB 谐振腔相结合，优化 Q 值以获得最佳性能，最终能够较好地实现千赫（kHz）量级线宽，具有更好的发展前景。

然而，目前的硅基掺铒激光器还不能实现高质量的窄线宽激光输出，不足以满足硅基光电子芯片的片上的要求。一方面，片上硅基激光器所需的输出功率至少要超过30 mW[14]，为了满足低功耗的要求，还需要提高泵浦效率以降低泵浦功率；另一方面，未来的超窄线宽激光应用需求更窄的激光线宽，如亚千赫（kHz）或赫（Hz）量级。现有的窄线宽激光器不能达到这些要求。如 Schawlow-Townes 线宽所示，需要更高的激光输出功率、更高的激光效率或更高的品质因子（Q 值）谐振腔来进一步提高线宽。为解决上述问题，在上述铒硅酸盐-氮化硅条形加载型 DFB 光波导激光器的基础之上，将泵浦与信号两种外腔相互结合，设计了一个更合理的、高 Q 值的泵浦-信号共振型激光器谐振腔，同时提高了激光器的泵浦效率和信号光反馈。器件的基本结构及参数设计如图 5.25 所示，其波导设计与前两节一致，在 DFB 腔的两侧增加两个 980 nm 泵浦DBR 腔，以提高泵浦吸收效率。然后，在腔的端部附加 1535 nm 信号 DFB 腔以提供额外的光反馈。这种高品质因数的混合谐振腔不仅可以大大降低激光器的线宽和阈值，而且可以提高激光器的输出功率和效率。

图 5.26 展示了带有泵浦和信号共振的混合型 DFB 波导谐振腔结构。这种泵浦与信号共振的外腔可分为两部分：提高泵浦吸收效率的 980 nm 泵浦谐振外腔，以及增强信号共振强度的 1535 nm 信号谐振外腔。更进一步地，这种混合谐振器可以细化为 4 个区域，它们具有不同的作用和设计过程。区域 2 是一个基本的 DFB 谐振腔，为激光起振提供了主要的光反馈。区域 1 和区域 3 充当两个 980 nm 外腔 DBR 反射器，提供额

外的泵浦反馈。区域 4 在腔末端起到 1535 nm 外腔 DFB 反射器的作用，提供额外的信号反馈。下面讨论这 4 个区域的详细设计过程。

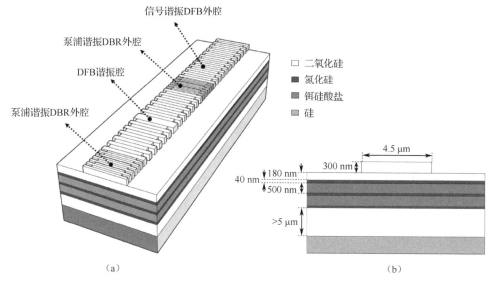

（a）　　　　　　　　　　　　　　　　　　（b）

图 5.25　窄线宽硅基铒硅酸盐激光器结构及参数设计。（a）激光结构的三维设计图；（b）激光结构的波导截面及关键参数

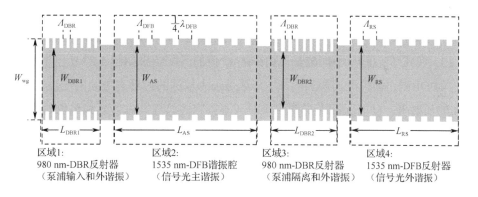

图 5.26　泵浦和信号共振的混合型 DFB 波导谐振腔结构示意图，它可细化为 4 个区域

区域 1 是一个 980 nm 的 DBR 反射器，在主谐振腔的左端起到泵浦注入和泵浦左端面外反射的作用。通过设计光栅周期 Λ_{DBR}，将该 DBR 的中心波长设置为 980 nm，遵循布拉格条件［式（5.1）］。并依据式（5.13）和式（5.15），DBR 光栅的反射率由齿深、占空比以及光栅长度（L_{DBR1}）决定，同时保证足够的泵浦输入和左端泵浦光的反射。

区域 2 是一个 1535 nm 的 DFB 谐振腔，作为产生激光输出的信号光主谐振腔，为激光提供主要的光反馈。其光栅参数，如周期、占空比和齿深，遵循基本的 DFB 参数设计。这些参数的设计用来决定光栅的强度 κL，以保证谐振器能够提供足够的光反馈，并使激光器输出功率达到最大。铒硅酸盐光波导激光器的单纵模模式输出控制通常适用于具有较大 κL 值的腔，其对应的 DFB 光栅齿深为 0.65 μm。同时，主 DFB 腔的长度应设置在 4.5～6.5 mm 的合理范围内。较短的腔长具有微弱的光反馈和较低的增益，导致激光器输出功率较低；而较长的腔长也会限制泵浦的有效传输距离。此外，在 DFB 腔中引入 $\lambda/4$ 相移区域，以抑制信号光传输过程中的相移，保证激光的单模稳定输出。

　　区域 3 是一个 980 nm 的 DBR 反射器，它在主谐振腔的右端起到泵浦隔离区和泵浦外反射器的作用。该 DBR 区域的反射率应设置为接近 100%，因为它是与区域 4 的长度结合设计的，以确保泵浦被区域 3 完全隔离，而不会进入区域 4。这一方案将使 1535 nm DFB 光栅在区域 4 提供纯粹的信号反馈而不产生非必要的增益。根据式(5.13)和式(5.15)计算，齿深应设置为大于 0.8 μm，而 DBR 谐振器长度设置为 200 μm（980 nm 泵浦为约 100% 反射率，1535 nm 信号为约 100% 透射率）。

　　区域 1 和区域 3 的两个 DBR 反射器一起形成一个 980 nm 泵浦谐振外腔。这一设计将提供额外的泵浦反馈，以在主腔（区域 2）中形成 980 nm 泵浦共振，大大提高了泵的吸收效率。为了保证 980 nm 外腔泵浦的谐振损耗小于内腔泵浦的谐振损耗，需要对 DBR 外腔的 Q 值进行控制。当区域 3 的 DBR 光栅参数确定后，区域 1 的 DBR 光栅设计基于 DFB 腔的外部 Q 值与内部 Q 值的匹配，以满足临界耦合匹配关系。依据式（5.26）和式（5.28），不同腔长下内外腔 Q 值的匹配结果如图 5.27 所示，DBR 外腔的 Q 值随 DBR 光栅齿深的增加而增大。这是因为较深的齿具有更大的光反馈，从而产生更大的反射率。Q 值匹配点是图中虚线（不同空腔长度的内 Q）和黑色曲线（外 Q）的交点。因此，对于 4.5 mm、5 mm、5.5 mm、6 mm 和 6.5 mm 的 DFB 内腔长度，区域 1 的光栅齿深可分别设置为 0.40 μm、0.42 μm、0.44 μm、0.46 μm 和 0.48 μm。最后，当 DBR 外腔长度设置为 140 μm 时，980 nm 泵浦反馈和输入的左端反射率计算在 80%～90% 的范围，如图中曲线所示。

　　区域 4 是一个 1535 nm 的 DFB 反射器，它充当信号光的次谐振腔，为激光提供额外的光学反馈。当泵浦功率被区域 3 完全隔离时，该 DFB 反射器可以提供纯粹的信号光反射。这种结构可以为激光器提供相位可控的附加反馈，产生外部信号共振，从而进一步提高激光器的输出功率和转换效率，并降低泵浦阈值。区域 4 的光栅尺寸与主 DFB 谐振腔相同，可以防止 1535 nm 信号光产生相位差。且通过设计该外部 DFB 反射器的腔长，优化端面反射率，确保足够的 1535 nm 光学反馈。图 5.28 显示了该铒硅酸盐光波导激光器在不同泵浦功率下的输出功率随区域 4 的 DFB 反射率的变化关系。结果表明，激光输出功率先随 DFB 外腔反射率线性增加，之后逐渐缓慢增加甚至饱和。这是由于在激光波长处存在较大的光反馈。信号功率的增加进一步增强了铒离子在有源区的受激辐射。这一效应使得铒离子在激发态的浓度下降得更快，需要更多的泵浦功率来形成粒子数反转。给定的泵浦功率被主腔完全吸收，导致激光功率饱和。随着泵浦功率的增加，饱和程度加深。因此，对于不同的输入泵浦功率，应选择合适的 DFB 外腔长。

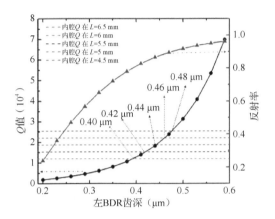

图 5.27　区域 1 的 DBR 外腔 Q 值与光栅齿深（黑色曲线）以及其反射率与光栅齿深的关系。Q 值匹配点是虚线（不同腔长度下区域 2 的内腔 Q 值）和黑色曲线的交点

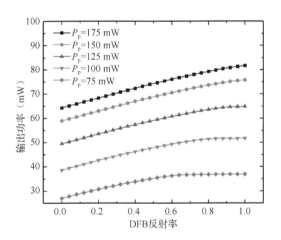

图 5.28　在不同泵浦功率（75～175 mW）下，泵浦谐振 DBR 外腔铒硅酸盐光波导激光器的输出功率与区域 4 的 DFB 反射率的关系。主腔长度固定为 5.5 mm

综上所述，优化后的铒硅酸盐-氮化硅条形加载型 DFB 光波导激光器以及泵浦-信号共振谐振腔的结构参数如表 5.6 所示。

表 5.6　条形加载型 DFB 光波导激光器以及泵浦-信号共振谐振腔的结构参数

参 数 名 称		符 　 号	取 　 值
波导结构参数	衬底 SiO₂ 厚度	t_{ox}	大于 5 μm
	氮化硅亚层厚度	$t_{nitride}$	40 nm

参 数 名 称		符 号	取 值
波导结构参数	铒硅酸盐增益层厚度	t_{Er}	500 nm
	条形加载型波导厚度	$t_{strip\text{-}loaded}$	300 nm
	条形加载型波导宽度	$W_{strip\text{-}loaded}$	4.5 μm
	SiO₂ 隔离层厚度	t_{spacer}	180 nm
区域 1 参数	DBR 光栅周期	Λ_{DBR}	470 nm
	DBR 光栅占空比	D	50%
	DFB 光栅齿深	$(W_{strip\text{-}loaded}-W_{DBR1})/2$	0.4~0.48 μm
	区域 1 长度	L_{DBR1}	200 μm
区域 2 参数	DFB 光栅周期	Λ_{DFB}	470 nm
	DFB 光栅齿深	$(W_{strip\text{-}loaded}-W_{DFB})/2$	0.65 μm
	DFB 光栅占空比	D	50%
	DFB λ/4 相移区长度	$L_{1/4\lambda}$	470 nm
	区域 2 长度	L_{AS}	4.5~6.5 mm
区域 3 参数	DBR 光栅齿深	$(W_{strip\text{-}loaded}-W_{DBR2})/2$	大于 0.8 μm
	区域 3 长度	L_{DBR2}	200 μm
区域 4 参数	DFB 光栅周期	Λ_{RS}	470 nm
	DFB 光栅齿深	$(W_{strip\text{-}loaded}-W_{RS})/2$	0.65 μm
	区域 4 长度	L_{RS}	大于 500 μm

该泵浦-信号光共振的混合谐振腔中的激光传输可分为有源区和反射区两部分,并通过耦合模理论对其特性进行数学描述。信号光功率在 DFB 区域分为正向和反向两种传输模式。在均匀布拉格光栅的情况下,具有增益效应的:两个方向传输模式之间的信号耦合由以下耦合模式方程组描述(将腔左端设置为 $z=0$):

$$\begin{cases} \dfrac{\mathrm{d}A(z)}{\mathrm{d}z} = \begin{cases} -\mathrm{j}\kappa B(z)\exp(\mathrm{j}2\Delta\beta z - \mathrm{j}\theta) + \dfrac{g_s(z)}{2}A(z), & L_{DBR1} < z < L_{DBR1} + L_{AS} \\ -\mathrm{j}\kappa B(z)\exp(\mathrm{j}2\Delta\beta z), & L_{DBR1} + L_{AS} + L_{DBR2} < z < L_{DBR1} + L_{AS} + L_{DBR2} + L_{RS} \end{cases} \\ \dfrac{\mathrm{d}B(z)}{\mathrm{d}z} = \begin{cases} -\mathrm{j}\kappa A(z)\exp(-\mathrm{j}2\Delta\beta z + \mathrm{j}\theta) - \dfrac{g_s(z)}{2}B(z), & L_{DBR1} < z < L_{DBR1} + L_{AS} \\ -\mathrm{j}\kappa B(z)\exp(-\mathrm{j}2\Delta\beta z), & L_{DBR1} + L_{AS} + L_{DBR2} < z < L_{DBR1} + L_{AS} + L_{DBR2} + L_{RS} \end{cases} \end{cases} \quad (5.33)$$

其中,$A(z)$ 和 $B(z)$ 分别是正向和反向传输模式的振幅。θ 是 DFB 光栅传输过程中的相移,在 λ/4 相移区前后分别可设为 0 和 π。$\Delta\beta$ 是对布拉格条件偏差的表征。$g_s(z)$ 是铒硅酸盐对信号光的单位长度净增益系数。同样,该泵浦-信号光共振的混合谐振腔中的激光传输可分为正向和反向传输模式,两端的 DBR 光栅可等效为端面反射镜。因此,泵浦双向传输方程可由公式计算。最终激光输出功率与信号光的振幅平方之和成正比，参考式（5.10）。整个混合谐振腔激光器作为一个自发振荡器，整个激光在区域 2 中产生。假定的边界条件是在没有入射激光场的情况下给出的：

$$\begin{cases} P_p^+(L_{DBR1}) = R_{DBR1} \cdot P_p^-(L_{DBR1}) + (1 - R_{DBR1}) \cdot P_{input\ pump} \\ P_p^-(L_{DBR1} + L_{AS}) = R_{DBR2} \cdot P_p^+(L_{DBR1} + L_{AS}) \\ P_s^+(L_{DBR1}) = 0 \\ P_s^\pm(L_{DBR1} + L_{AS} + L_{DBR2}) = \mp \alpha L_{DBR2} + P_s^\pm(L_{DBR1} + L_{AS}) \\ P_s^-(L_{DBR1} + L_{AS} + L_{DBR2}) = R_{RS} \cdot P_s^+(L_{DBR1} + L_{AS} + L_{DBR2}) \\ P_{laser\ output} = P_s^-(L_{DBR1}) - \alpha L_{DBR1} \end{cases} \tag{5.34}$$

图 5.29 展示了在不同腔长下，基于泵浦-信号谐振腔的铒硅酸盐-氮化硅条形加载型 DFB 光波导激光器的输出功率与泵浦功率的关系。可以看到，激光输出功率随泵浦功率的增大而增大，并逐渐饱和，这一趋势与前几节中的器件均相同。在所设计的泵浦-信号谐振外腔的作用下，激光器的输出性能得到进一步提高。当泵浦功率为 100 mW 时，5.5 mm 腔长的激光器输出功率可达 65 mW，是无外腔 DFB 光波导激光器的 2.5 倍左右。随着腔长和泵浦功率的增加，最大饱和输出功率可达 90 mW 以上。该器件还具有很高的泵浦-激光功率转换效率。根据图 5.29，对于 4.5 mm、5 mm、5.5 mm、6 mm 和 6.5 mm 下的主 DFB 谐振器长度，激光器的功率转换效率分别约为 27.5%、43.1%、55.1%、62.6% 和 66.3%。最大功率转换效率可高达 66%。这种高输出功率和高功率转换效率可以满足上述片上硅基激光器的功率要求。此外，由于泵浦效率的提高，器件的阈值泵浦功率也降低。如插图所示，对于 4.5 mm、5 mm、5.5 mm、6 mm 和 6.5 mm 下的主 DFB 谐振器长度，激光器的泵浦阈值分别约为 4.5 mW、9 mW、13 mW、18 mW 和 22 mW。这些结果表明，这些高功率、低阈值的激光性能，能够更好地满足未来片上窄线宽激光器应用对输出功率和功耗的要求。

此外，这种具有泵浦-信号共谐振腔的 DFB 谐振器具有很强的谐振强度，导致了较窄的激光线宽。单模激光器的线宽可以表示为受 DFB 腔中自发辐射限制的发射光谱的半峰宽（FWHM）。激光线宽可以用修正的 Schawlow-Townes 公式进行理论计算，该公式考虑了可能的内腔损耗和吸收损耗，如下式所示[22,23]：

$$\Delta \nu_L = \frac{2\pi h \nu_L (\Delta \nu_c)^2}{P_{output}} \left[1 - \frac{\tau_p}{\tau_{loss}} \right] \left[1 - \frac{\sigma_{abs}(c\tau_p \sigma_{em} N_{Er} - 1)}{\sigma_{em}(c\tau_p \sigma_{abs} N_{Er} + 1)} \right]^{-1} \tag{5.35}$$

式中，$\Delta \nu_c$ 是无源谐振腔线宽，τ_p 和 τ_{loss} 是光子时间和损耗衰减时间，σ_{abs} 和 σ_{em} 是 1535 nm 处的有效吸收截面和发射截面，N_{Er} 是硅酸盐中的铒离子浓度。图 5.30 显示了在不同泵浦功率下计算出的激光线宽与有效腔长的关系。输出激光线宽随有效腔长的增加而减小，这是因为无源谐振腔线宽随腔长的变化而变化。谐振腔线宽用光子寿命表示为[14]

$$\Delta v_c = \frac{1}{2\pi\tau_p} = \frac{P}{2\pi E_c} = \frac{P_{output}}{2\pi E_c} + \frac{P_{loss}}{2\pi E_c} = \frac{2v_{eff}}{2\pi\Gamma L_{eff}} + \frac{\alpha_{loss}v_{eff}}{2\pi} = \frac{v_{eff}}{2\pi}\left(\frac{2}{\Gamma L_{eff}} + \alpha_{loss}\right) \quad (5.36)$$

式中，E_c 表示谐振腔中储存的能量，v_{eff} 为有效群速度，α_{loss} 为腔内部损耗，Γ 是限制因子。随着有效腔长的增加，谐振腔线宽减小，输出功率增大。因此，激光线宽变小，并且这种下降趋势由于激光输出饱和而逐渐减弱。这种结构的激光线宽和腔长的综合考虑也是相互竞争的：较大尺寸的激光器可以用来提高激光器的线宽，而较小尺寸的激光器可以用来降低输入泵浦功率，满足标度集成的要求。

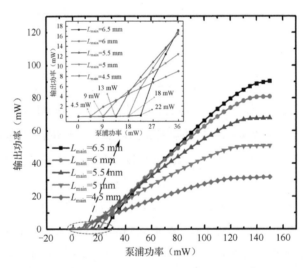

图 5.29　不同腔长（4.5～6.5 mm）下，基于泵浦-信号谐振腔的铒硅酸盐-氮化硅条形加载型 DFB 光波导激光器的输出功率与泵浦功率（0～200 mW）的关系。插图显示了泵浦功率为 0～36 mW 时虚线区域的放大视图

激光线宽随泵浦功率的增大而减小。图 5.31 展示了在不同腔长下激光线宽与泵浦功率的关系。可以看到，输出激光线宽随泵浦功率的增大而减小，并逐渐趋于一个极限值。随着泵浦功率的增加，激光输出功率增加，腔内受激发射光子的数量也随之增加，每一个与激光模式耦合的自发发射光子对激光发射扰动的影响不明显，因此激光线宽变小。当输出功率与泵浦功率饱和时，线宽趋于极限值，如图 5.31 所示。从图中可以看出，当有效 DFB 谐振器长度分别 4.5 mm、5 mm、5.5 mm、6 mm 和 6.5 mm 时，极限激光线宽分别为 5.23 kHz、2.50 kHz、1.50 kHz、1.01 kHz 和 932 Hz 和 755 Hz。综上所述，这样的亚千赫窄线宽、百毫瓦大功率硅基铒硅酸盐激光器，更好地满足了未来片上窄线宽激光器的应用需求。

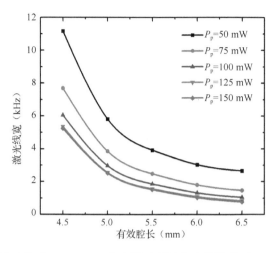

图 5.30　不同泵浦功率（50～150 mW）下激光线宽与有效腔长（4.5～6.5 mm）的关系

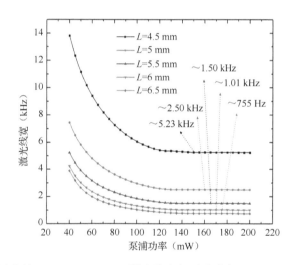

图 5.31　不同腔长（4.5～6.5 mm）下激光线宽与泵浦功率（40～200 mW）的关系

5.3.4　基于狭缝型 DFB 谐振腔的硅基掺铒光波导激光器

狭缝型波导也是另一种激光器的有效波导结构。本节也针对铒硅酸盐材料体系，设计了铒硅酸盐-氮化硅狭缝型 DFB 光波导激光器，其结构如图 5.32 所示。从下到上，依次为二氧化硅衬底、氮化硅波导、铒硅酸盐增益介质。波导材料采用氮化硅（Si$_3$N$_4$），其优势在于，氮化硅波导传输损耗较小，同时折射率相对较低，能够减少光场在氮化硅波导中的分布，从而提高增益介质中的限制因子；波导结构采用狭缝型波导结构，能够保证光场更多地集中在狭缝中，从而增加泵浦光和信号光在增益介质中的重叠面积，提高泵浦利用率；增益介质选用铒硅酸盐，相比于传统铒掺杂增益材料，如掺铒氧化铝，铒硅酸盐中的铒离子作为化合物的阳离子存在，因而其浓度高于传统铒掺杂的增益材料，能够达到 10^{22} cm^{-3} 量级。其高铒离子浓度的特性，能够进一步提升材料增益。

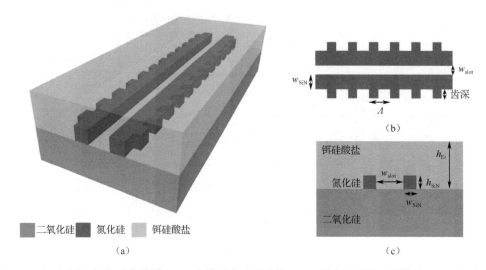

图 5.32   铒硅酸盐-氮化硅狭缝型 DFB 光波导激光器结构。(a) 激光器结构三维模型；(b) 狭缝光栅结构；(c) 激光器横截面示意图

激光器泵浦波长选用 1.470 μm，相比于 0.98 μm 的泵浦光，1.47 μm 的泵浦光受双光子吸收效应影响较小小；同时，1.47 μm 泵浦光和信号光波长 1.53 μm 更接近，因而在狭缝型波导中的光场分布更为近似、重叠积分更大，有利于提高增益。

传统的 λ/4 相移 DFB 激光器，λ/4 相移区位于谐振腔中间，如图 5.33（a）所示。此时，在谐振腔中心处，光场高度集中，因而会形成空间烧孔效应，在降低激光器腔内增益，同时也会破坏激光器单模特性。本书通过对相移区结构进行优化设计，在降低激光器谐振腔内峰值功率的同时，提升了激光器的输出斜率。

本书设计了分布式相移、多相移、多分布式相移三种相移结构。

（1）分布式相移（Distributed Phase Shift），是指在光栅中引入了一段周期不同的光栅，如图 5.33（b）所示。其满足关系式

$$(\varLambda_2 - \varLambda) \times L_{\text{DPS}} = \frac{\lambda}{4}$$

其中，$\varLambda$ 为 DFB 光栅周期，$\varLambda_2$ 为相移区周期，L_{DPS} 为相移区长度。将 λ/4 相移分布在一段长为 L_{DPS} 的相移区内，可以使得激光器腔内峰值功率分布在一段区间内，从而使得腔内功率变化更为平滑，峰值功率更低。

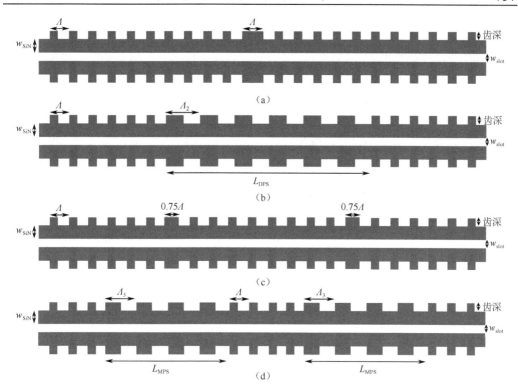

图 5.33　传统的 λ/4 相移 DFB 激光器。（a）传统 λ/4 相移结构；（b）分布式相移结构；（c）多相移结构；（d）多分布式相移结构

（2）多相移（Multi Phase Shift），是指将相移区分布在谐振腔内的多个位置，如图 5.33（c）所示。通过引入多个相移区，可以将腔内的峰值功率分布在不同的位置，从而达到降低腔内峰值功率的目的。在谐振腔内引入两个相移区，可以大幅降低腔内的峰值功率；继续引入更多的相移区，对腔内功率分布的改善影响不大，且会导致加工难度增大。因而，多相移激光器中通常只引入两个相移区。

（3）多分布式相移（Multi Distributed Phase Shift），是指将上述两种方式结合，在光栅中引入多个相移区，且每个相移区采用一段周期不同的光栅，如图 5.33（d）所示。采用这种方式，能够使腔内的峰值功率分布在腔内不同位置，且位于每个相移区的功率变化更为平滑，从而达到进一步降低腔内峰值功率的目的。

基于上述模型，对 4 种不同相移结构的 DFB 激光器进行仿真计算。光栅齿深设为 20 nm，此时光栅耦合系数为 2092。激光器腔长设为 2 mm，同时采用双端泵浦的方式，单侧泵浦功率为 5 mW。仿真结果如图 5.34 所示。

图 5.34（a）为 4 种相移结构 DFB 激光器腔内功率分布曲线。可以看出，对于传统的 λ/4 相移 DFB 激光器，腔内峰值功率最高，且较为尖锐；引入分布式相移后，腔内峰值功率分布在长度为 L_{DPS} 的相移区内，因而使得腔内功率变化较为平滑，且峰值

功率降低；引入多相移后，腔内峰值功率分布在腔内两个不同的位置，从而大幅降低了腔内峰值功率；将两种方法结合，引入多分布式相移后，可以看到腔内峰值功率大幅降低的同时，功率变化也更为平滑。

图 5.34（b）为 4 种相移结构 DFB 激光器腔内的增益分布曲线。可以看到，腔内激光增益分布和腔内功率分布曲线相对应。腔内峰值功率最高处，对应腔内增益最低的位置。激光器腔内峰值功率越低，激光器腔内增益变化越小。

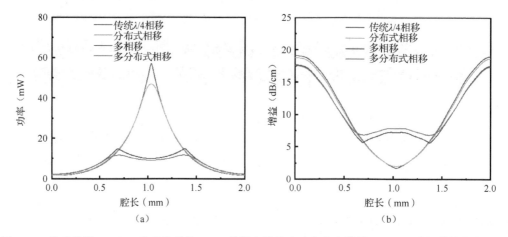

图 5.34　仿真结果。（a）4 种相移结构 DFB 的激光器腔内功率分布曲线；（b）4 种相移结构的 DFB 激光器腔内增益分布曲线

定义激光器腔内功率平坦度为腔内最高功率和最低功率的比值，增益平坦度为腔内最高增益和最低增益的比值，则 4 种结构 DFB 激光器腔内功率平坦度、增益平坦度如表 5.7 所示。可以看出，引入分布式相移，可以小幅提升功率平坦度、增益平坦度；引入多相移，可以大幅度提升功率平坦度、增益平坦度。

表 5.7　4 种相移结构 DFB 激光器腔内功率、增益平坦度

相 移 结 构	功率平坦度（dB）	增益平坦度（dB）
传统 λ/4 相移	15.10	17.39
分布式相移	13.99	16.77
多相移	8.05	12.01
多分布式相移	6.90	10.71

对 4 种相移结构 DFB 激光器在不同腔长条件下激光器的阈值以及输出斜率进行仿真，结果如图 5.35 所示。可以看出，对于 DFB 激光器，存在最优腔长，此时激光器输出斜率最大、阈值最低。因为，当 DFB 激光器腔长较短时，谐振腔两侧反射率较低，两侧激光反射损耗较大，同时增益介质较短，提供的腔内增益较小，因而激光器阈值较高、输出斜率较低；当 DFB 激光器腔长较长时，谐振腔两侧反射率较高，更多的激

光被限制在增益介质中，不能有效输出，同时，由于增益介质较长，需要更多的泵浦光实现粒子数翻转，因而激光器阈值较高、输出斜率较低。

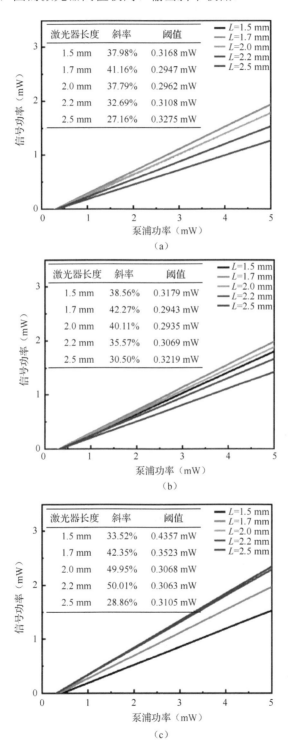

图 5.35 4 种相移结构 DFB 激光器在不同腔长下输出性能。（a）传统 $\lambda/4$ 相移结构；（b）分布式相移结构；（c）多相移结构；（d）多分布式相移结构

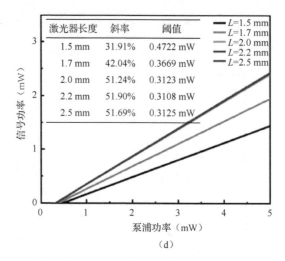

图 5.35（续）　4 种相移结构 DFB 激光器在不同腔长下输出性能。（a）传统 λ/4 相移结构；（b）分布式相移结构；（c）多相移结构；（d）多分布式相移结构

由图 5.35（a）可以看出，对于传统 λ/4 相移 DFB 激光器，最优腔长为 1.7 mm，此时激光器输出斜率最大，可达到 41.16%；阈值最低，为 0.2947 mW；引入分布式相移后，如图 5.35（b）所示，对 DFB 激光器的性能有小幅度提升，激光器输出斜率变大，阈值在腔长较短时没有提升，在腔长较长时有所提升。激光器最优腔长未变，仍为 1.7 mm，此时激光器输出斜率为 42.27%，阈值为 0.2943 mW；引入多相移后，如图 5.35（c）所示，对 DFB 激光器性能提升较为明显。此时，激光器最优腔长变大，为 2.2 mm，激光输出斜率为 50.01%，阈值为 0.3063 mW。引入多分布式相移后，如图 5.35（d）所示，激光器最优腔长仍为 2.2 mm，此时激光输出斜率达到最高，为 51.90%，相比于传统 λ/4 相移 DFB 激光器，输出斜率提升了 19.21 个百分点；此时激光器阈值为 0.3108 mW。

总结来说，引入不同的相移区结构，可以降低腔内峰值功率、提高激光器输出斜率，且腔内峰值功率降低越多、激光器输出斜率提升越大；腔内峰值功率变化对激光器阈值影响较小。当激光器腔长较小时，激光器阈值随腔内峰值功率降低而变大；激光器腔长较长时，激光器阈值随腔内峰值功率降低而变小。

进一步优化 DFB 激光器输出性能，考虑光栅在狭缝内侧的结构。光栅齿深仍设为 20 nm，此时光栅耦合系数为 2353，与光栅在狭缝外侧时相比，光栅耦合系数变大。光栅在狭缝内侧时对狭缝中的光场影响更大，因而此时光栅耦合系数更大。仿真此时激光器的输出性能，如图 5.36 所示。

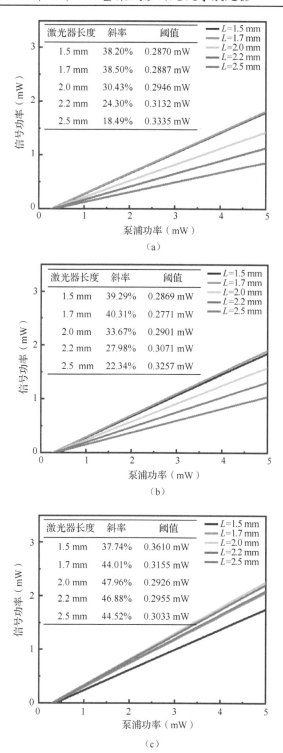

图 5.36　光栅在狭缝内侧时，4 种相移结构 DFB 激光器在不同腔长下输出性能。（a）传统 λ/4 相移结构；（b）分布式相移结构；（c）多相移结构；（d）多分布式相移结构

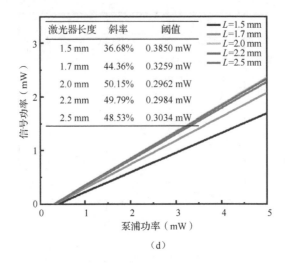

（d）

图 5.36（续） 光栅在狭缝内侧时，4 种相移结构 DFB 激光器在不同腔长下输出性能。（a）传统 λ/4 相移结构；（b）分布式相移结构；（c）多相移结构；（d）多分布式相移结构

由图 5.36 可以看出，光栅在狭缝内侧时，仿真所得激光器性能变化规律基本不变。相比于光栅在狭缝外侧、光栅在狭缝内侧情形下，在腔长较短时，激光器的输出斜率更高、阈值更小；在腔长较长时，激光器输出斜率较小、阈值较大。在腔长较短时，耦合系数较大，激光器两侧反射率较高，因而能够将光更好地限制在激光器中，从而降低激光器阈值、提高输出斜率；在激光器较长时，激光器两侧反射率过高，导致两侧输出激光功率较小，因而激光输出斜率降低、阈值升高。

5.3.5 硅基掺铒光波导激光器的制备工艺与集成方案

实际上，上文中所设计的各类铒硅酸盐-氮化硅 DFB 光波导激光器可以通过与文献中 Al$_2$O$_3$:Er^{3+} 光波导激光器类似的工艺流程进行制备。其中，衬底功能化、铒硅酸盐-氮化硅混合层的沉积和条形加载型 DFB 波导谐振腔的刻蚀均与 CMOS 工艺兼容。器件的工艺制备流程如图 5.37 所示。在硅衬底上热氧化一层厚的二氧化硅薄膜，用来减少流向基底的泄漏光，然后利用低压化学气相沉积法（LPCVD）生长一定厚度的氮化硅亚层，再利用磁控溅射或激光沉积等方法生长一定厚度的铒硅酸盐增益层，并将上述两步沉积过程反复进行以形成厚的铒硅酸盐-氮化硅交替薄膜，接着利用化学气相沉积法（CVD）沉积一定厚度的顶层 SiO$_2$，最后使用光刻机在 SiO$_2$ 顶层做好条形加载型谐振腔光栅波导模板，利用等离子反应离子刻蚀技术制备出相应的光栅形状。

铒硅酸盐-氮化硅混合薄膜条形加载型光波导激光器与硅基光电子芯片相集成，实现硅光回路中的片上激光也得到了极大的关注。其主要方法是，通过倒锥形波导耦合器，将光场从铒硅酸盐光波导激光器耦合到更小截面的硅光波导中，如图 5.38 所示。在这个示意图中，铒硅酸盐-氮化硅有源层和条形加载型 DFB 波导结构，是在硅基光电子芯片上制备完其他 SOI 波导和器件之后沉积在该硅片上的，并采用倒锥形结构实现了硅光子回路中光波导激光器与 SOI 波导之间的光耦合。

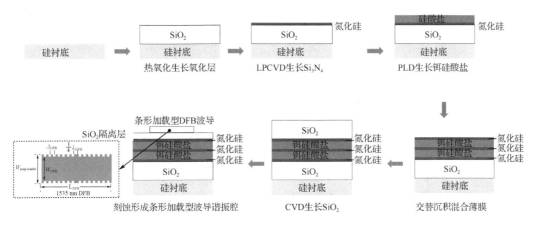

图 5.37　铒硅酸盐-氮化硅 DFB 光波导激光器的工艺制备流程

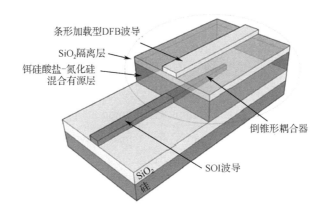

图 5.38　铒硅酸盐-氮化硅 DFB 光波导激光器和无源硅光子器件的单片集成。从硅波导到铒硅酸盐波导的耦合通过一个倒锥形耦合器

在未来的硅光芯片中，除了现有的高性能无源光学器件，上述设计方案有望低成本地实现片上光产生以及光放大。图 5.39 展示了铒硅酸盐光波导激光器共集成的硅光子学芯片。这种铒硅酸盐-氮化硅条形加载型 DFB 光波导激光器，在外光纤泵浦时可以产生高性能的激光输入，后续可与高质量的 CMOS 信号处理模块相集成。此外，铒硅酸盐材料及其制备方法的优化提高了有源混合型波导器件与其他片上技术（包括微电子技术等）集成的潜力。基于这些技术的集成系统将会面向许多应用，包括短程光互连、芯片实验室设备以及用于医学和传感的穿戴式设备[24]。

总之，铒硅酸盐光波导激光器可提供直接的、可单片制造的、高性能的窄线宽激光输出。目前，尽管理论上概述的高增益硅基铒硅酸盐光波导激光器尚未投入商用，本节中设计的新型光波导激光器结构具有可靠的理论支持和实验可行性，相信在未来可以很好地应用于高性能硅基激光器领域。

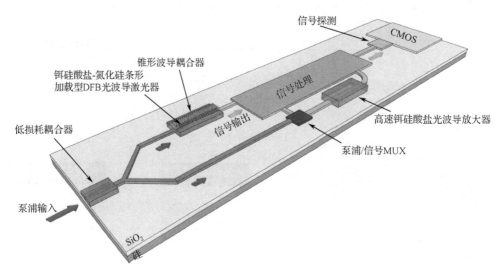

图 5.39　铒硅酸盐光波导激光器共集成的硅光子学芯片

参 考 文 献

[1] L. Bastard, S. Blaize, J. E. Broquin. Glass integrated optics ultra-narrow linewidth distributed feedback laser matrix for dense wavelength division multiplexing applications. *Opt. Eng.*, 42, 2800 (2003).

[2] T. Kitagawa, F. Bilodeau, B. Malo, S. Theriault, J. Albert, D. C. Jihnson, K. O. Hill, K. Hattori, Y. Hibino. Single-frequency Er^{3+}-doped silica-based planar waveguide laser with integrated photo-imprinted Bragg reflectors. *Electron. Lett.,* 30, 1311 (1994).

[3] J. M. Castro, D. F. Geraghty, S. Honkanen, et al. Optical add-drop multiplexers based on the anti-symmetric waveguide Bragg grating. *Appl. Opt.*, 45, 1236 (2006).

[4] C. J. Brooks, G. L. Vossler, K. A. Winick. Integrated-optic dispersion compensator that uses chirped gratings. *Opt. Lett.*, 20, 368 (1995).

[5] S. Yliniemi, J. Albert, Q. Wang, et al. UV-exposed Bragg gratings for laser applications in silver-sodium ion-exchanged phosphate glass waveguides. *Opt. Express*, 14, 2898 (2006).

[6] G. D. Marshall, M. Ams, M. J. Withford. Direct laser written waveguide-Bragg

gratings in bulk fused silica. *Opt. Lett.*, 31, 2690 (2006).

[7] T. Barwicz, H. A. Haus. Three-Dimensional Analysis of Scattering Losses Due to Sidewall Roughness in Microphotonic Waveguides. *J. Lightw. Technol.*, 23(9), 2719-2732 (2005).

[8] E. H. Bernhardi. Bragg-grating-based rare-earth-ion-doped channel waveguide lasers and their applications. University of Twente (2012).

[9] H. Kogelnik, C. V. Shank. Coupled-wave theory of distributed feedback lasers. *J. Appl. Phys.*, 43, 2327 (1972).

[10] A. Yariv. Coupled-mode theory for guided-wave optics. *IEEE J. Quantum Electron.*, QE-9, 919 (1973).

[11] W. P. Huang. Coupled-mode theory for optical waveguides: an overview. *J. Opt. Soc. Am. A*, 11, 963 (1994).

[12] G. Singh, Purnawirman, J. D. B. Bradley, et al. Resonantpumped erbium-doped waveguide lasers using distributed Bragg reflector cavities. *Opt. Lett.*, 41(6), 1189-1192 (2016).

[13] C. L. Chen. Foundations for guided wave optics. John Wiley and Sons , 2007.

[14] K. Kikuchi, H. Tomofuji. Analysis of Oscillation characteristics of separated-electrode DFB laser diodes. *IEEE J. Quantum. Elect.*, 26(10), 1717-1727 (1990).

[15] Purnawirman, J. Sun, T. N. Adam, et al. C- and L-band erbium-doped waveguide lasers with wafer-scale silicon nitride cavities. *Opt. Lett.*, 38(11), 1760-1762 (2013).

[16] E. S. Hosseini, Purnawirman, J. D. B. Bradley, et al. CMOS-compatible 75 mW erbium-doped distributed feedback laser. *Opt. Lett.*, 39(11), 3106-3109 (2014).

[17] M. Belt, D. J. Blumenthal. Erbium-doped waveguide DBR and DFB laser arrays integrated within an ultra-low-loss Si_3N_4 platform. *Opt. Express*, 22(9) 10655-10660 (2014).

[18] E. S. Magden, N. Li, Purnawirman, et al. Monolithically-integrated distributed

feedback laser compatible with CMOS processing. *Opt. Express*, 25(15), 18058-18065 (2017).

[19] Purnawirman, N. Li, E. S. Magden, et al. Ultra-narrow-linewidth Al_2O_3:Er^{3+} lasers with a wavelength-insensitive waveguide design on a wafer-scale silicon nitride platform. *Opt. Express*, 25(12): 13705-13713 (2017).

[20] D. Brüske, S. Suntsov, C. E. Rüter, et al. Efficient ridge waveguide amplifiers and lasers in Er-doped lithium niobate by optical grade dicing and three-side Er and Ti indiffusion. *Opt. Express*, 25(23), 29374-29379 (2017).

[21] E. Kifle, P. Loiko, C. Romero, et al. Fs-laser-written erbium-doped double tungstate waveguide laser. *Opt. Express*, 26(23), 30826-30834 (2018).

[22] H. Haken. Laser Theory. In S. Flugge, editor, Encyclopedia of Physics Volume XXV 2C. Springer-Verlag (1970).

[23] A. L. Schawlow, C. H. Townes. Infrared and optical masers. *Phys. Rev.*, 112, 1940 (1958).

[24] J. D. B. Bradley, M. Pollnau. Erbium-doped integrated waveguide amplifiers and lasers. *Laser Photon. Rev.*, 5(3), 368-403 (2011).

第6章 硅基掺铒材料–半导体异质集成光源

激发态寿命更长的硅基掺铒波导为高速放大提供了一个潜在的解决方案，在集成光子学中得到了广泛的研究。与其他混合集成光源不同，硅基掺铒波导可用于单片集成，作为同一硅衬底上的光学器件间的连接光路。尽管目前很多成果表明，硅基掺铒光源与其他光学器件在硅光系统中的集成是可能的，但这些方案仍然存在一些问题。硅基掺铒光源需要外部泵浦光源，这一难点使光电集成方案复杂化，并阻碍了与硅光系统的完全集成。硅基掺铒增益材料为绝缘介质，导电性较差。因此，很难用电泵浦直接激发，目前仍没有实现电驱动的硅基掺铒光源。硅基掺铒光源还需要在硅光芯片上进行局部制造，它可以有选择性地为需要放大的区域提供光增益。这将提供更好的灵活性与后端工艺方案，从而使器件具有更高的单片集成度。然而，这种制作方法也未完全实现。

另一方面，虽然III-V族半导体因其直接带隙而被认为是良好的光源材料，但由于晶格失配较大，在硅衬底上直接外延生长III-V族半导体层是困难的。目前，高质量的III-V族半导体器件通过混合或异质集成技术（如键合和薄膜转移）集成到硅光子学芯片中[1,2]。此外，高能级载流子较短的寿命也会随着数据流的密度分布而产生较大的增益压缩和恢复效应[3]。因此，当半导体光源用于高速放大和调制时，本身存在很大的缺陷。

如何将硅基掺铒光源与半导体光源相结合，充分发挥二者的优势，是一个新的趋势。目前还没有关于掺铒光波导放大器与成熟的III-V族半导体光源技术相结合的相关报道。本章提出一种新型的硅基掺铒材料–半导体异质集成光源。首先，该器件在硅基掺铒混合型光波导放大器上集成了一个III-V族半导体垂直腔面发射泵浦激光器，解决了集成电驱动硅基掺铒波导放大的问题，无须外加泵浦光源，实现了硅光系统放大器的完全集成。其次，该器件实现了局部片上放大。在其他器件的晶圆级制造之后，这些放大器结构可以有选择性地在需要放大的波导区域上制备，这为与其他硅光器件的单片集成提供了更大的灵活性。再次，该器件结构同时克服了硅基掺铒光源和半导体光源的固有困难，并将这两种材料混合集成在一个硅光芯片中。键合技术的发展可以将低成本的半导体集成泵浦源与硅基掺铒增益材料集成在同一硅衬底上。通过设计合适的垂直谐振腔结构，半导体材料可以为硅基掺铒材料提供高效率的泵浦。器件采用CMOS 兼容技术制成混合波导结构，并对增益材料进行优化，以提供高速调制的高增益放大。通过这些技术的结合，硅基掺铒波导光源和III-V族半导体光源的优势可以得到充分利用。

6.1   硅基掺铒材料–半导体异质集成光源的结构设计

6.1.1   器件整体结构设计

基于硅基掺铒材料的光波导放大器可以在一个低成本的鲁棒性芯片上增强光信号。集成光学中使用的许多波导平台（如 SOI 和氮化硅）在 1.5 μm 窗口处具有较低的损耗，这为掺铒波导在光子回路中的应用提供了基础。图 6.1 展示了基于掺铒光波导放大器的共集成硅基光电子芯片。对于集成硅光芯片，外部激光器产生的信号通过波导光路进入处理模块，由检测模块采集，然后与 CMOS 器件集成。通过制备局部放大器，可以对不同的传输路径进行光放大，包括信号处理模块内部和模块间传输时波导中的损耗补偿。传统方案中，如图 6.1（a）所示，外部 980 nm 或 1480 nm 泵浦光通过锥形光纤耦合到芯片中。多路复用器（MUX）用于泵浦光和信号光传输，对称 Y 分支结构用于泵浦光传输。这种外部泵浦方案增加了集成系统的复杂性，限制了硅基光电子器件的大规模集成。本章提出了一个更为简化的方案，将泵浦集成的掺铒光波导放大器应用于硅基光电子系统，如图 6.1（b）所示。掺铒光波导放大器与III-V族半导体泵浦激光器混合集成在一起，实现了局部电驱动放大。这些混合波导可用于补偿任何需要放大的路径中的传输损耗，具有更好的灵活性。该方案实现了硅基光电子系统中放大器的完全集成，不需要外加泵浦光源。

图 6.1（c）展示了局部掺铒光波导放大器的基本结构。在这种结构中，掺铒增益层沉积在传输波导上，提供高速大容量的光信号放大。然后将具有高电光转换效率的III-V族半导体泵浦结构混合集成在掺铒增益层上，作为电驱动光源以泵浦掺铒增益材料。此外，倒锥形结构设计用于将信号光从硅光波导中倏逝耦合到更大截面的掺铒增益层，如图 6.1（c）所示。该结构实现了用于片上放大的间接电泵浦的掺铒光波导放大器的设计。

图 6.2 示出了片上电泵浦掺铒光波导放大器的具体结构。如图 6.2（a）所示，放大器结构由异质集成电致发光III-V族半导体垂直腔面发射激光器和掺铒的混合波导组成。III-V族半导体激光器提供了高电光转换效率的泵浦光，而掺铒光波导放大器提供了高速大容量的信号放大。

具体如下。

（1）掺铒化合物被选为增益层，具有较长的发光寿命和较好的 CMOS 工艺兼容性，没有瞬态信道串扰，并提供更高的集成潜力。

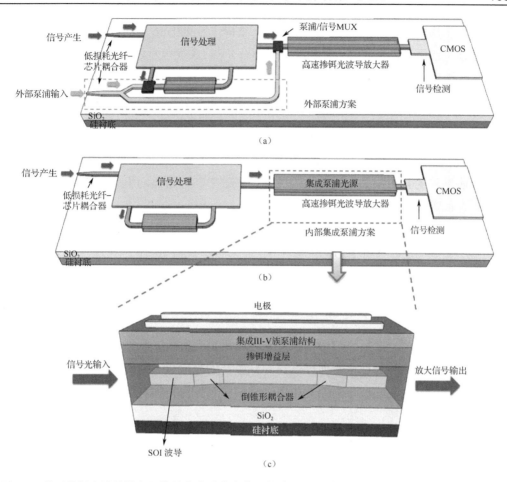

图 6.1　基于掺铒光波导放大器的共集成硅基光电子芯片。（a）采用外部泵浦光源的硅基光电子系统的传统片上放大方案；（b）一种适用于无外部泵浦光源硅基光电子系统的片上电泵浦放大方案；（c）局部掺铒光波导放大器的基本结构

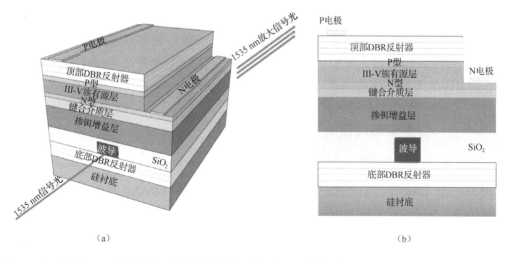

图 6.2　电致发光III-V族半导体垂直腔面发射泵浦激光器异质集成的硅基掺铒光波导放大器的结构。（a）放大器结构的三维设计；（b）放大器结构的横截面

（2）采用应变 GaAs 多量子阱（MQW）结构作为 980 nm 泵浦有源区，且这种Ⅲ-Ⅴ族半导体泵浦层可以在硅基上异质集成（键合）[4]，表现出良好的性能。此外，量子点（QD）结构也可以作为未来扩展的候选方案[5]。在硅基上生长的 GaAs 的缺陷密度低于 InP 材料，并且硅基 GaAs 泵浦源比 InP 泵浦源更可靠[6,7]。

与传统的异质结有源层结构相比，量子结构中载流子的能量具有不连续的离散值，导致了阶跃态密度，且应变引起的价带变化也降低了阈值电流密度。因此，应变 GaAs 多量子阱结构的有源层具有阈值电流低、量子效率高、输出功率大、调制带宽宽、温度依赖性低等优点[8]。

（3）为了提高Ⅲ-Ⅴ族半导体泵浦源的发射强度，提高铒离子对泵浦光的吸收效率，将有源层置于垂直腔中。谐振腔采用 DBR 结构，并将布拉格波长设计在泵浦波长处以实现强泵浦谐振。在这种情况下，泵浦光在谐振腔中将被多次反射以增强铒离子的吸收，同时它还保证了对信号光的宽光谱增益。

（4）在倏逝耦合之后，位于谐振腔中的掺铒增益材料在水平方向上对信号光具有波导效应，使得信号光在水平通过波导时产生高的光增益。最终，通过对光场分布的设计，优化了谐振腔与波导的相互作用。谐振腔对掺铒材料有很强的吸收增强效应，有效降低了波导损耗。

器件的横截面如图 6.2（b）所示。该结构（从下到上）包括硅衬底、底部 DBR 反射器、波导、掺铒增益层、键合介质层、Ⅲ-Ⅴ族有源层、顶部（AlGaAs/GaAs）DBR 反射器。首先，波导提供低损耗的光传输，并且可以由 SOI 波导或氮化硅（Si₃N₄）波导结构制成。通过优化波导的宽度和高度，保证低损耗的单模光场传输。其次，在波导层上沉积掺铒增益层，制成水平的混合波导结构。这种结构将波导中的大部分光场耦合到增益层，并进行有效的光放大。此外，在波导和增益层之间增加了 SiO₂ 间隔层，以减小高折射率材料中的波导效应，这可以有效调节波导截面中的光场分布。最后，通过键合工艺将Ⅲ-Ⅴ族有源层键合在增益层上。在沿波导传输信号的过程中，增益材料吸收来自Ⅲ-Ⅴ族有源层的电致发出的泵浦光，并为信号光提供较高的光学增益。

6.1.2 垂直泵浦谐振腔设计

增益层和Ⅲ-Ⅴ族泵浦有源层均置于垂直泵浦谐振腔中，该谐振腔由两个中心波长为 980 nm 的 DBR 反射器组成。这些 DBR 结构的反射率是决定泵浦效率的关键，直接影响其差分量子效率、阈值电流密度和输出泵浦功率。构成 DBR 的两种材料之间的折射率差应该相对较大，以便用较少的周期数实现高的反射率。对于顶部 DBR 结构，选择了具有铝成分的 $Al_xGa_{1-x}As$/GaAs 材料进行周期性生长，以满足晶格匹配的需要。这种半导体反射器可以在 InP 衬底上外延生长，制造成本低。$Al_xGa_{1-x}As$ 材料的折射率随铝含量的增加而降低[9]。然而，铝含量高的 $Al_xGa_{1-x}As$ 材料容易氧化。因此，通常采用 $Al_{0.9}Ga_{0.1}As$ 作为 DBR 的低折射率（3.0）材料，采用 GaAs 作为高折射率（3.5）材料。对于底部 DBR 结构，选择 SiO_2（低折射率 1.44）/Si_3N_4（高折射率 2.0）周期交替层作为反射器介质。这些 SiO_2/Si_3N_4 介质膜与硅衬底具有良好的材料兼容性，在泵浦波段几乎没有吸收。这些介质的光学厚度可以减小到四分之一波长，因此分别选择 81.7 nm 厚的 $Al_{0.9}Ga_{0.1}As$、70.0 nm 厚的 GaAs，以及 170.1 nm 厚的 SiO_2、122.5 nm 厚的 Si_3N_4，作为底部和顶部 DBR 结构中的单一周期交替层。利用多层干涉原理，可以设计出高反射率的 DBR 反射镜。通常采用传输矩阵法计算 DBR 反射镜的反射率谱和带宽。

图 6.3 展示了具有不同周期数（N=4, 8, 16, 20, 24, 28）的 DBR 的反射率光谱。从图中的反射率曲线可以看出，$Al_{0.9}Ga_{0.1}As$/GaAs 顶部 DBR 和 SiO_2/Si_3N_4 底部 DBR 结构的反射率变化相似，在中心波长 980 nm 处没有凹陷。随着周期数的增加，曲线在中心波长附近逐渐变平坦，反射率也随着周期数的增加而增加，并且接近 100%，如图 6.3 的插图所示。对于 SiO_2/Si_3N_4，反射率随周期数 N 的增加比对于 $Al_{0.9}Ga_{0.1}As$/GaAs 增加得快，反射率带宽也更宽。这是因为 SiO_2/Si_3N_4 具有较大的折射率差和较高的 DBR 厚度。在这种泵浦器件结构中，DBR 的反射率越高，性能越好。然而，DBR 的周期数必须仔细设计，因为反射率的增加是以牺牲带宽为代价的。随着周期数的增加，器件的串联电阻增大，对光的吸收增加。这些负面的效应均会增加生长成本。因此，有必要优化设计以获得更高的反射率和更少的周期数。最终，对于顶部 DBR 反射器，$Al_{0.9}Ga_{0.1}As$/GaAs 的最佳周期数设置为 24（反射率计算为 99.8%），带宽为 120 nm；对于底部 DBR 反射器，SiO_2/Si_3N_4 的最佳周期数设置为 14（反射率为 99.9%），带宽约为 200 nm。

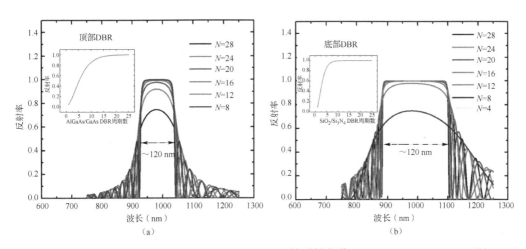

图 6.3　不同周期数（N=4, 8, 12, 16, 20, 24, 28）下 DBR 的反射率谱。(a) $Al_{0.9}Ga_{0.1}As$/GaAs 顶部 DBR 的反射光谱；(b) SiO_2/Si_3N_4 底部 DBR 的反射光谱。插图显示了 DBR 周期数与 980 nm 中心波长反射率之间的关系

6.1.3　半导体泵浦有源层设计

采用多量子阱结构的 III-V 族有源层作为电致发光泵浦层，这种结构可以提高载流子能量，增强电致发光效果，它主要包括 N 型区、MQW 区、P 型区以及相应的电极。对于 980 nm 大功率泵浦，选择 InGaAs/GaAsP 应变补偿量子阱材料作为有源区。两种材料晶格常数的不同，在量子阱的外延生长中引入应变，这将改变价带的结构，进一步减少导带和价带之间的不对称性。这种应变补偿结构具有较大的带隙，提高了量子阱的发光效率，也提高了增益。对于器件结构的设计，量子阱材料的组成对泵浦波长起着决定性的作用。对于 $In_{1-x}Ga_xAs$ 阱材料和 $GaAs_{1-x}P_x$ 势垒材料的带隙，可分别用下面的经验公式计算[10]：

$$Eg_1(x) = 1.424 - 1.548x + 0.478x^2 \tag{6.1}$$

$$Eg_2(x) = 1.424 + 1.12x + 0.21x^2 \tag{6.2}$$

当器件的波长设定为 980 nm 时，量子阱 $In_xGa_{1-x}As$ 材料的带隙应为 1.242/0.98=1.267 eV。从图 6.4（a）可以看出，随着铟（In）成分的增加，带隙减小，相应的激光波长向长波长方向偏移。考虑到带隙，铟的成分选择为 0.12。

多量子阱器件的输入阈值电流密度与量子阱结构密切相关。对于传统的多量子阱激光器，有三个设计参数：阱厚（t_w）、有源材料总厚度（$d=t_w×N$）和多层材料总厚度 [$T=t_w×N+(N-1)× T_{buffer}$]。阈值电流密度由下式给出[11]：

$$J_{th} = e[B(n_{th}, t_w)n_{th}^2 + A(n_{th}, t_w)n_{th}^3]d \tag{6.3}$$

图 6.4（b）显示了量子阱数目和阈值电流密度之间的关系。虽然多量子阱结构可以降低泵浦发射的阈值电流，但其降低程度受量子阱数目的影响。随着量子阱数目的增加，阈值电流密度先迅速减小，然后开始增大。当量子阱数目较少时，器件的阈值电流密度相对较高。这主要是因为量子阱增益随注入载流子浓度的增加而缓慢增长。然后，随着量子阱数目的增加，增益迅速增加，导致阈值电流密度下降。然而，量子阱的数目也会限制阈值电流密度的进一步减小，当量子阱的数量超过 12 个时，量子阱对光场的影响逐渐减弱。此时，由于光场的部分泄漏，阈值电流密度开始增加。考虑到材料生长的成本和工艺制备的难度，量子阱的数目最终选择为 12 个，此时该结构对应的阈值电流密度约为 2 kA/cm²。

此外，器件中还沉积了一层 1.5 μm 的高反射膜，以减少信号光从下波导到泵浦层的泄漏。GaAs 缓冲层用于减少杂质从衬底表面向生长层的扩散，改善衬底与外延生长层之间的晶格匹配。为了保证外延片的生长质量，应尽量减小缓冲层的厚度。最终，

Ⅲ-Ⅴ族半导体多量子阱泵浦结构如图 6.5 所示。

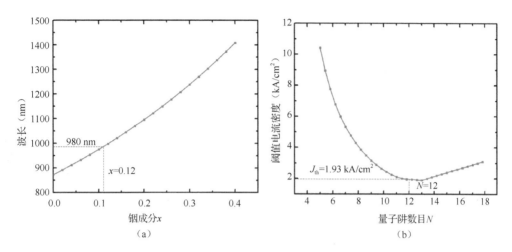

图 6.4　多量子阱结构的设计。（a）发射波长与铟（In）成分 x 的关系；（b）量子阱数目与阈值电流密度的关系

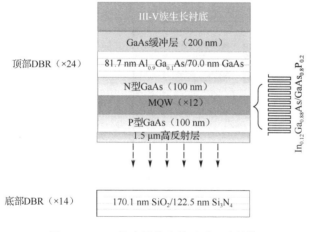

图 6.5　Ⅲ-Ⅴ族半导体多量子阱泵浦结构

6.1.4　混合波导耦合设计

为了获得更高的片内增益，需要将更多在增益区下传输的信号光耦合到增益介质中。因此，采用渐变（锥形，taper）耦合结构将传输 SOI/Si$_3$N$_4$ 波导中的光场耦合到上面的增益层，以获得尽可能多的光增益。这种耦合结构的关键参数是耦合区波导宽度的设计，如图 6.6（a）所示。图 6.6（b）描绘了信号光（1535 nm）在 SOI 波导和增益层中的限制因子沿传输方向的变化。可以观察到信号光沿波导以单模传输。光场最初集中在下方 SOI 波导传输（限制因子 0.82）上，并在光传输过程中逐渐耦合到上增益层，最终在增益层中的限制因子达到 0.92，信号得到明显光放大。结果表明，波导区的最佳宽度约为 220 nm。两端 taper 的长度对耦合作用的影响不大，通常可设置为 200～

300 nm，以减少整体的耦合区长度。总之，这种结构将波导中的大部分光场耦合到增益层，实现了光场的有效放大。

图 6.6(c)中用时域有限差分法模拟了光在 taper 耦合结构中的传输，并描绘了 taper 前端宽度（锥度）对光场耦合的影响。可以看到，当 taper 前端宽度较大时，耦合损耗较大（耦合效率较低）。此时无源波导中的光场能量不能很好地传递到增益层，因为波导对光场仍有很大的限制作用。随着 taper 前端宽度的减小，波导对光场的限制逐渐减弱，光场逐渐转移到上面的增益层。但当锥度过小时，模失配增加，耦合效率降低。最后计算出垂直耦合损耗约为 0.87 dB，taper 前端宽度约为 220 nm。

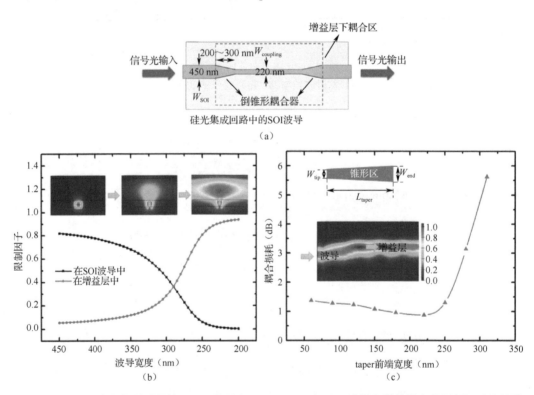

图 6.6 （a）逐渐变细的波导结构；（b）信号光（1535 nm）在 SOI 波导和增益层中的限制因子沿传输方向的变化，用 COMSOL 软件模拟了信号光（1535 nm）在波导中的光场分布；（c）耦合损耗与不同 taper 前端宽度（锥度）的关系。插图显示了不同层之间光场的耦合情况

6.1.5　掺铒增益层设计

垂直谐振腔中的泵浦模式必须满足共振条件，即腔中任何位置的泵浦光与反射的泵浦光应具有相同的相位（相干性）。因此，基于泵浦共振条件，掺铒薄膜的厚度被优化为半波长的整数倍（980 nm /2=490 nm）。泵浦在垂直 DBR 腔中形成驻波，其光强在腔内呈周期性分布。因此，增益层也可以周期性地设计，跟随腔中泵浦强度强弱的位置，以保证泵浦强度的最佳利用效率。图 6.7 描绘了泵浦光在垂直 DBR 腔中的驻波分

布。对于腔内泵浦强度较弱的位置，增益层泵浦吸收效率较低，不能起到很好的放大作用。因此，可以在这些位置添加低损耗氮化硅亚层，这些亚层能在不降低增益的情况下改善薄膜的损耗性质。

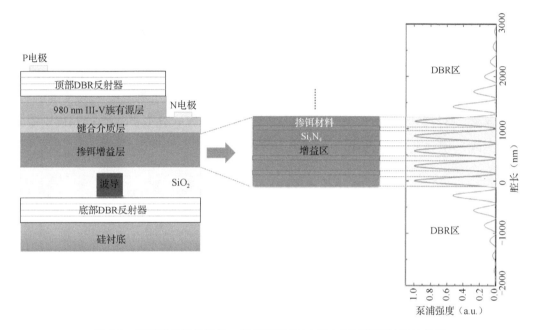

图 6.7　周期增益层的设计：基于垂直 DBR 腔中泵浦强度的驻波效应

此外，掺铒增益层（折射率为 1.65）与顶部高折射率泵浦层（折射率为 3.23）之间的界面存在额外的耦合损耗，其主要影响泵浦在垂直方向的传输。这种界面耦合可以近似地视为垂直入射，所产生的菲涅耳反射损耗可通过菲涅耳公式近似拟合，如下式所示：

$$\alpha(\mathrm{dB}) = 10\lg\left(\cfrac{1}{1-\left(\cfrac{n_{\mathrm{bonding}}^2 - n_{\mathrm{pump-layer}} \cdot n_{\mathrm{gain-layer}}}{n_{\mathrm{bonding}}^2 + n_{\mathrm{pump-layer}} \cdot n_{\mathrm{gain-layer}}}\right)^2}\right) \tag{6.4}$$

从上述方程可以看出，两层之间的折射率相差越大，反射率越大，耦合损耗就越大。在这种结构中，掺铒增益层和高折射率泵浦有源层之间的键合介质层（折射率为 1.8）不仅起到键合集成的作用，还能起到层间过渡区的作用，可以有效降低菲涅耳反射引起的界面损耗。为了提高从泵浦层到增益层的传输效率并降低端部反射的强度，可以将键合介质层的厚度优化为泵浦波长的奇数倍。最终计算界面的耦合损耗约为 0.27 dB。

6.2 硅基掺铒材料–半导体异质集成光源的理论建模

6.2.1 半导体异质集成光源建模

与掺铒材料体系类似，半导体量子阱材料体系中载流子与光子的微观作用过程也可以用速率方程来描述。其能级模型如图 6.8 所示。在外界电泵浦（电流注入 I）的作用下，有源区价带电子吸收能量转换为导带电子–空穴对（粒子数反转），这些电子–空穴对被量子阱势垒所束缚并在阱中复合而产生光子，所生成的光子在垂直的 DBR 谐振腔内振荡，最终产生一定功率的激光输出（P_{out}）。

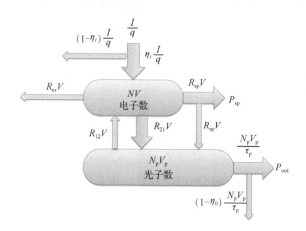

图 6.8　半导体量子阱能级模型及跃迁示意图

依据能级模型，可以得到半导体量子阱中电子（浓度为 N、体积为 V）与光子（浓度为 N_p、体积为 V_p）所满足的速率方程：

$$V\frac{\mathrm{d}N}{\mathrm{d}t} = \frac{\eta_i I}{q} - (R_{sp} + R_{nr})V - (R_{21} - R_{12})V \tag{6.5}$$

$$V_p\frac{\mathrm{d}N_p}{\mathrm{d}t} = (R_{21} - R_{12})V - \frac{N_p V_p}{\tau_p} + R_{sp}V \tag{6.6}$$

其中，η_i 为泵浦吸收效率，η_0 为光子效率，R_{sp} 和 R_{nr} 分别为电子–空穴对自发辐射复合和非辐射复合跃迁速率，R_{21} 和 R_{12} 分别为受激发射速率和受激吸收速率，τ_p 为光子寿命。最终通过求解速率方程，可以得到 P-I 模型，即可以预测 MQW 垂直腔面发射泵浦激光器的性能。MQW 的工作电流和发射功率之间的关系可以表示为[12,13]

$$P_{out} = \eta[I - I_{th}(N, T)] = \eta[I - I_{th0} - I_{off}(T)] \tag{6.7}$$

式中，η 是转换效率，其受温度影响最小，可近似为常数。N 是载流子浓度，T 是器件温度。$I_{th}(N, T)$ 是该器件正常工作的阈值电流，可以分为与温度无关的常数 I_{th0} 和与温度有关的经验热偏置电流 $I_{off}(T)$。热偏置电流可表示为温度的多项式函数：

$$I_{off}(T) = \sum_{n=0}^{\infty} a_n T^n \approx a_0 + a_1 T + a_2 T^2 + a_3 T^3 + a_4 T^4 \qquad (6.8)$$

激光器的温度 T 由外部环境的温度 T_0 和器件的自热效应决定。自热效应与器件产生的瞬时功率 IV 有关，其中 U 是工作电压。温度的计算公式可表示为[2]

$$T = T_0 + (IU - P_0)R_{th} - \tau_{th} \frac{dT}{dt} \qquad (6.9)$$

式中，R_{th} 是热阻抗，τ_{th} 是热时间常数。假设器件的 $U\text{-}I$ 关系在不同工作温度下没有显著变化，$U\text{-}I$ 关系可以表示为[2]

$$U = IR_s + U_T \ln(1 + I/I_s) \qquad (6.10)$$

其中，R_s 是串联阻抗，U_T 是二极管热电压，I_s 是二极管饱和电流。这些参数需要根据实验值进行拟合。为了保持数值稳定性，采用亚松弛迭代法，每一次迭代中将更新值和预设值的加权平均值作为迭代的初始值，直到相邻两个值的相对误差小于给定的误差容限。最终器件的优化模型参数见表 6.1。利用这些参数可以得到 MQW 泵浦激光器的发射特性。

表 6.1　MQW 泵浦激光器的模型参数小结

参 数 名 称	参 数 符 号	参 数 取 值
转换效率	η	7.38%
阈值电流常数	I_{th0}	−21.58 mA
热阻抗	R_{th}	−11.87 ℃/W
1 阶温度系数	a_1	1.547×10^{-2} mA/K
2 阶温度系数	a_2	2.047×10^{-4} mA/K^2
3 阶温度系数	a_3	1.578×10^{-8} mA/K^3
4 阶温度系数	a_4	-5.837×10^{-12} mA/K^4
串联阻抗	R_s	149.8 Ω
热电压	U_T	0.937 V
饱和电流	I_s	7.918×10^{-2} mA

使用半导体量子点作为激光增益区相比于光子集成的量子阱有许多改进。由于窄

禁带"点"材料与周围基体之间的能带偏移所提供的三维量子限制，量子点结构能将能级完全离散化为具有类原子简并性的类 delta 函数态，这些离散能级由量子点的大小和势垒的高度决定。总之，量子点的类原子态密度赋予了它们独特的增益特性，因此，量子点激光器与量子阱器件相比显示出许多性能优势：低阈值电流、高温度稳定性、缺陷不敏感性以及高速动态增益特性。

晶体生长中量子点形成的随机自组装过程导致了波动。这些波动导致了点系综光学性质的非均匀展宽。这种统计展宽的一个重要结果是，它为量子点态产生了高度对称的高斯增益谱。非均匀展宽的程度取决于晶体生长条件，并提供额外的可调谐宽带应用。目前成熟的量子点材料是通过 Stranski-Krastanov 生长模式形成的，在这种生长模式下，所有的量子点在一层薄的浸润层（wetting layer）中形成，这种浸润层类似于量子阱层。理想量子点激光器的有源区是由相同尺寸和形状的量子点组成的，这些量子点都覆盖在润湿层上。同时，外部区域被具有更高带隙的材料包围，以限制有源区域中的载流子。基于半导体量子点结构的能级模型如图 6.9（a）所示，外部施加的电压/电流将电子注入导带（电泵），或将电子从价带泵送到导带（光泵）；这些电子中的大多数存储在湿润层中，形成导带的粒子数反转。由于浸润层与量子点之间的快速非辐射跃迁，当导带中的电子与价带中的空穴复合时，会产生激光。由于量子点的离散能级结构，在导带和价带中存在许多能级，分为基态能级和激发态能级。在建模过程中，通常考虑三级系统：浸润层（WL）、基态（GS）、激发态（ES）。

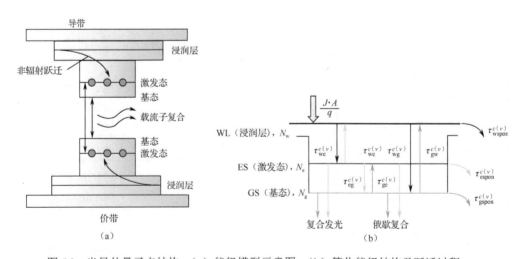

图 6.9　半导体量子点结构：（a）能级模型示意图；（b）简化能级结构及跃迁过程

半导体量子点结构的简化能级结构及跃迁过程如图 6.9（b）所示。通常，量子点激光器根据偏压条件显示出三种可能的激光操作模式：

（1）基态（GS）激光；

（2）双态发射，基态（GS）和第一激发态（ES）之间的相互作用动力学；

（3）第一激发态（ES）激光。

结果表明，在光反馈下，只进行 GS 跃迁的 InAs/GaAs 量子点激光器更稳定，因而表现出无混沌的工作状态，而在双态激光或单 ES 跃迁下工作的 InAs/GaAs 量子点激光器，则表现出大量的动态，包括混沌态。依据能级模型，量子点激光器的载流子速率方程如下：

$$
\begin{cases}
\dfrac{dN_{w}^{c(v)}(z)}{dt} = \dfrac{J \cdot A}{q} + \dfrac{N_{e}^{c(v)}}{\tau_{ew}^{c(v)}}(1-f_{w}^{c(v)}) - \dfrac{N_{w}^{c(v)}}{\tau_{we}^{c(v)}}(1-f_{e}^{c(v)}) + \dfrac{N_{g}^{c(v)}}{\tau_{gw}^{c(v)}}(1-f_{g}^{c(v)}) - \\[4mm]
\qquad\qquad \dfrac{N_{w}^{c(v)}}{\tau_{wg}^{c(v)}}(1-f_{g}^{c(v)}) - \dfrac{\sqrt{N_{w}^{c} \cdot N_{w}^{v}}}{\tau_{wspon}^{c(v)}} \\[5mm]
\dfrac{dN_{e}^{c(v)}(z)}{dt} = \dfrac{N_{w}^{c(v)}}{\tau_{we}^{c(v)}}(1-f_{e}^{c(v)}) - \dfrac{N_{e}^{c(v)}}{\tau_{ew}^{c(v)}}(1-f_{w}^{c(v)}) + \dfrac{N_{g}^{c(v)}}{\tau_{ge}^{c(v)}}(1-f_{e}^{c(v)}) - \dfrac{N_{w}^{c(v)}}{\tau_{eg}^{c(v)}}(1-f_{g}^{c(v)}) - \\[4mm]
\qquad\qquad \dfrac{\sqrt{N_{e}^{c} \cdot N_{e}^{v}}}{\tau_{espon}^{c(v)}} - \dfrac{\sqrt{N_{e}^{c} \cdot N_{e}^{v}}}{\tau_{eauger}^{c(v)}} - v_{ES} G_{ES} S_{ES}(z) - \\[4mm]
\qquad\qquad \Gamma L \sum_{k=1}^{M} g_{e}(v_{k}) \dfrac{P_{ASE}^{+}(z,v_{k}) + P_{ASE}^{-}(z,v_{k})}{\hbar v_{k}} \times (f_{e}^{c} + f_{e}^{v} - 1) \\[5mm]
\dfrac{dN_{g}^{c(v)}(z)}{dt} = \dfrac{N_{e}^{c(v)}}{\tau_{eg}^{c(v)}}(1-f_{g}^{c(v)}) - \dfrac{N_{g}^{c(v)}}{\tau_{ge}^{c(v)}}(1-f_{e}^{c(v)}) + \dfrac{N_{w}^{c(v)}}{\tau_{wg}^{c(v)}}(1-f_{g}^{c(v)}) - \dfrac{N_{g}^{c(v)}}{\tau_{gw}^{c(v)}}(1-f_{w}^{c(v)}) - \\[4mm]
\qquad\qquad \dfrac{\sqrt{N_{g}^{c} \cdot N_{g}^{v}}}{\tau_{gspon}^{c(v)}} - \dfrac{\sqrt{N_{g}^{c} \cdot N_{g}^{v}}}{\tau_{gauger}^{c(v)}} - v_{GS} G_{GS} S_{GS}(z) - \\[4mm]
\qquad\qquad \Gamma L \sum_{k=1}^{M} g_{g}(v_{k}) \dfrac{P_{ASE}^{+}(z,v_{k}) + P_{ASE}^{-}(z,v_{k})}{\hbar v_{k}} \times (f_{g}^{c} + f_{g}^{v} - 1)
\end{cases}
$$

$$(6.11)$$

其中，$N_{w}^{c(v)}$、$N_{e}^{c(v)}$、$N_{g}^{c(v)}$ 分别表示导带（价带）中浸润层能级、激发态能级、基态能级上的载流子浓度；$\tau_{ew}^{c(v)}$、$\tau_{we}^{c(v)}$ 分别表示导带（价带）中浸润层能级、激发态能级间载流子俘获和逃逸的跃迁寿命（其倒数为跃迁概率）；$\tau_{gw}^{c(v)}$、$\tau_{wg}^{c(v)}$ 分别表示导带（价带）中浸润层能级、基态能级间载流子俘获和逃逸的跃迁寿命（其倒数为跃迁概率）；$\tau_{eg}^{c(v)}$、$\tau_{ge}^{c(v)}$ 分别表示导带（价带）中激发态能级、基态能级间载流子弛豫和激发的跃迁寿命（其倒数为跃迁概率）；$\tau_{wspon}^{c(v)}$、$\tau_{espon}^{c(v)}$、$\tau_{gspon}^{c(v)}$ 分别表示导带（价带）中浸润层能级、激发态能级、基态能级的载流子自发辐射跃迁寿命（其倒数为跃迁概率）；$\tau_{gauger}^{c(v)}$、$\tau_{eauger}^{c(v)}$ 分别表示导带（价带）中激发态能级、基态能级的载流子俄歇复合寿命（其倒数为概率）；J 为注入的电流密度，L 为器件长度，A 为器件横截面积，Γ 为有源区光场限制因子；v_{ES} 和 v_{GS} 分别表示激发态与基态的群速度；G_{ES} 和 G_{GS} 分别为激发态和基态的增益系数；

$f_{\mathrm{w}}^{c(v)}$、$f_{\mathrm{e}}^{c(v)}$、$f_{\mathrm{g}}^{c(v)}$ 分别表示导带（价带）中浸润层能级、激发态能级、基态能级的载流子占有率。

与 ES 跃迁和 GS 跃迁相关的光子密度速率方程组如下：

$$\begin{cases} \dfrac{\mathrm{d}S_{\mathrm{ES}}(z)}{\mathrm{d}t} = \left(\Gamma v_{\mathrm{ES}} G_{\mathrm{ES}} - \dfrac{1}{\tau_{\mathrm{p}}} \right) S_{\mathrm{ES}} + \beta_{\mathrm{spon}} \dfrac{\sqrt{N_{\mathrm{e}}^{c} \cdot N_{\mathrm{e}}^{v}}}{\tau_{\mathrm{espon}}^{c(v)}} \\[4mm] \dfrac{\mathrm{d}S_{\mathrm{GS}}(z)}{\mathrm{d}t} = \left(\Gamma v_{\mathrm{GS}} G_{\mathrm{GS}} - \dfrac{1}{\tau_{\mathrm{p}}} \right) S_{\mathrm{GS}} + \beta_{\mathrm{spon}} \dfrac{\sqrt{N_{\mathrm{g}}^{c} \cdot N_{\mathrm{g}}^{v}}}{\tau_{\mathrm{gspon}}^{c(v)}} \end{cases} \tag{6.12}$$

式中，β_{spon} 为自发辐射因子。量子点结构的材料参数小结如表 6.2 所示，依据速率方程，可以评估出量子点泵浦激光器的输出特性。

表 6.2　量子点结构的材料参数小结

参数名称	参数符号	参数取值
WL 到 ES 能级的俘获时间	τ_{we}	12.5 ps
ES 到 GS 能级的弛豫时间	τ_{eg}	5.5 ps
WL 到 GS 能级的俘获时间	τ_{wg}	50 ps
GS 到 ES 能级的激发时间	τ_{ge}	1 ns
ES 到 WL 能级的逃逸时间	τ_{ew}	44 ps
GS 到 WL 能级的逃逸时间	τ_{gw}	18 ps
WL 能级的自发衰减时间	τ_{wspon}	500 ps
ES 能级的自发衰减时间	τ_{espon}	500 ps
GS 能级的自发衰减时间	τ_{gspon}	1200 ps
ES 能级的俄歇复合时间	τ_{eauger}	275 ps
GS 能级的俄歇复合时间	τ_{gauger}	660 ps
腔内光子寿命	τ_{p}	12.5 ps
GS 群速度	v_{gs}	8.96×10^{9} cm/s
ES 群速度	v_{es}	8.77×10^{9} cm/s
自发辐射因子	β_{spon}	10^{-4}
温度特性常数	T_{0}	150 K
QD 体密度	N_{d}	4×10^{17} cm^{-3}
内部模式损耗	α_{i}	6 cm^{-1}
光限制因子	Γ	6%

6.2.2　器件光放大特性建模

采用有限元分析方法，对整个掺铒光波导放大器与异质集成Ⅲ-Ⅴ族半导体垂直腔面发射泵浦激光器进行建模，如图 6.10 所示。

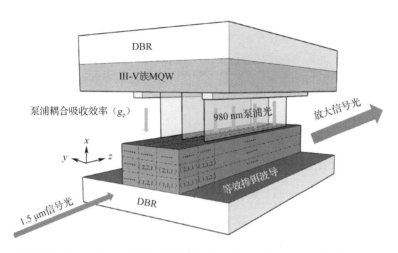

图 6.10　掺铒光波导放大器与异质集成Ⅲ-Ⅴ族半导体垂直腔面泵浦发射激光器的等效模型

对局部放大器的增益特性进行仿真分析，可基于铒离子能级模型。考虑三个方向：沿信号光传输方向（z 方向）、沿泵浦输入方向（x 方向），在 y 方向上，可以认为铒离子均匀分布，故整个器件模型可进行二维简化。进一步地，可以建立二维速率方程（每个能级上的铒离子总数应为 x 和 z 的函数，沿 y 方向均匀分布）与二维传输方程（泵浦功率沿 x 方向输入，信号功率沿 z 方向传输）。其放大特性的求解思路以三维有限元分析为主。从第一块$[N_{111}(y_1,z_1)，P_{111}(y_1,z_1)]$根据边界输入条件算起，根据二维速率方程与二维传输方程得到其 x 方向相邻块$[N_{211}(y_1,z_1)，P_{211}(y_1,z_1)]$，以及 z 方向相邻块$[N_{121}(y_1,z_2)，P_{121}(y_1,z_2)]$，同样方法得到所有单元的信号功率、泵浦功率以及能级铒浓度，不断迭代，直到边界单元满足边界条件。在每一个有限元块中，根据铒-镱能级结构模型，其速率方程如下所示：

$$
\left\{
\begin{aligned}
&-\left[\frac{\sigma_{13}P_p(x,z)}{A_{yz}hv_p}+\frac{\Gamma_s\sigma_{12}P_s(x,z)}{A_{xy}hv_s}\right]N_1(x,z)+\left[A_{21}+\frac{\Gamma_s\sigma_{21}P_s(x,z)}{A_{xy}hv_s}\right]N_2(x,z)+C_2N_2^2(x,z)+\\
&\qquad\qquad C_3N_3^2(x,z)-C_{14}N_1(x,z)N_4(x,z)-K_{tr}N_2^{Yb}(x,z)N_1(x,z)=0\\
&\frac{\Gamma_s\sigma_{12}P_s(x,z)}{A_{xy}hv_s}N_1(x,z)-\left[A_{21}+\frac{\Gamma_s\sigma_{21}P_s(x,z)}{A_{xy}hv_s}\right]N_2(x,z)+A_{32}N_3(x,z)-2C_2N_2^2(x,z)+\\
&\qquad\qquad\qquad\qquad 2C_{14}N_1(x,z)N_4(x,z)=0\\
&\frac{\sigma_{13}P_p(x,z)}{A_{yz}hv_p}N_1(x,z)-A_{32}N_3(x,z)-2C_3N_3^2(x,z)+A_{43}N_4(x,z)+K_{tr}N_2^{Yb}(x,z)N_1(x,z)=0\\
&\frac{\sigma_{12}^{Yb}P_p(x,z)}{A_{yz}hv_p}N_1^{Yb}(x,z)+\frac{\sigma_{21}^{Yb}P_p(x,z)}{A_{yz}hv_p}N_2^{Yb}(x,z)+A_{21}^{Yb}N_2^{Yb}(x,z)+K_{tr}N_2^{Yb}(x,z)N_1(x,z)=0
\end{aligned}
\right.
$$

$$(6.13)$$

其中，A_{ij} 描述自发辐射和非辐射弛豫概率。C_2 和 C_3 是一阶和二阶合作上转换系数，C_{14} 是铒离子交叉弛豫系数，K_{tr} 是镱离子到铒离子的能量转移系数，N_{Er} 和 N_{Yb} 分别代表铒离子和镱离子的浓度。W_{12}/W_{21} 表示对信号光的受激发射和吸收跃迁速率，R_{13}/R_{31} 表示对泵浦光的受激发射和吸收跃迁速率。根据能级方程，可以得到传输信号的传输方程如下：

$$\begin{cases} \dfrac{\partial P_{\mathrm{p}}^{\pm}(x,z)}{\partial x} = -g_{\mathrm{p}}(x,z)P_{\mathrm{p}}^{\pm}(x,z) \\[2mm] \dfrac{\partial P_{\mathrm{p}}^{\pm}(x,z)}{\partial z} = 0 \\[2mm] P_{\mathrm{p}}(x,z) = P_{\mathrm{p}}^{+}(x,z) + P_{\mathrm{p}}^{-}(x,z) \\[2mm] \dfrac{\partial P_{\mathrm{s}}(x,z)}{\partial z} = \Gamma_{\mathrm{s}}[\sigma_{21}N_2(x,z) - \sigma_{12}N_1(x,z)]P_{\mathrm{s}}(x,z) - \alpha_{\mathrm{s}}P_{\mathrm{s}}(x,z) \\[2mm] \dfrac{\partial P_{\mathrm{s}}(x,z)}{\partial x} = 0 \end{cases} \qquad (6.14)$$

方程边界条件为

$$\begin{cases} P_{\mathrm{s}}(x,0) = P_{\mathrm{sin}} \\[1mm] P_{\mathrm{p}}^{+}(0,z) = P_{\mathrm{pin}} \\[1mm] P_{\mathrm{p}}^{+}(0,z) = R_1 P_{\mathrm{p}}^{-}(0,z) \\[1mm] P_{\mathrm{p}}^{-}(L_{\mathrm{eff}},z) = R_2 P_{\mathrm{p}}^{+}(L_{\mathrm{eff}},z) \end{cases} \qquad (6.15)$$

其中，P_{sin} 和 P_{pin} 分别是信号和泵浦的输入功率；R_1 和 R_2 分别是底部和顶部 DBR 的反射率；L_{eff} 是有效腔长；$\alpha(v_{\mathrm{s}})$ 是信号频率下单位长度的传播损耗。

利用耦合理论可以计算掺铒增益层与III-V族有源层之间的耦合关系，利用泵浦耦合吸收系数可以评估垂直于波导方向的泵浦耦合和吸收。考虑到敏化作用和腔损耗，泵浦耦合吸收系数的表达式如下：

$$g_{\mathrm{p}}(x,z) = \eta_{\mathrm{p}}[\sigma_{13}N_1(x,z) + \sigma_{12}^{\mathrm{Yb}}N_1^{\mathrm{Yb}}(x,z) - \sigma_{21}^{\mathrm{Yb}}N_2^{\mathrm{Yb}}(x,z)] - \alpha(v_{\mathrm{p}}) \qquad (6.16)$$

式中，$\alpha(v_{\mathrm{p}})$ 是泵浦频率下单位长度的传播损耗；η_{p} 是垂直耦合效率，可以用有源层的电光转换效率进行拟合，表征超过阈值电流时每对复合载流子产生的光子数。垂直耦合效率反映了激光器的质量，计算如下：

$$\eta_{\mathrm{p}} = \eta_{\mathrm{i}} \frac{\ln(1/R_1 R_2)}{2\alpha(v_{\mathrm{p}}) \cdot L + \ln(1/R_1 R_2)} \qquad (6.17)$$

其中，η_{i} 是泵浦有源层的内部量子效率。泵浦与下增益层的耦合效率主要与泵浦材料的内部量子效率、泵浦传输损耗以及两端 DBR 的反射率有关。考虑到波导的界面损耗，可以计算出泵浦耦合效率约为 95%。随后，通过建立垂直方向上的泵浦传输方程，更准确地描述泵浦的吸收效应，并对所有单元的信号功率进行迭代，直到满足边界条件。假设铒离子浓度和信号功率密度在同一行 z 坐标（同一 xOy 平面）下是均匀分布的，经过二维建模和迭代，可以预测整个器件的信号放大特性。

6.3　硅基掺铒材料-半导体异质集成光源的性能分析

6.3.1　泵浦特性

图 6.11 展示了所设计的异质集成III-V族多量子阱（MQW）垂直腔面发射泵浦激光器的输出泵浦发射功率与输入电流的关系。基于光子稳态振荡条件，DBR 垂直腔存在一个阈值输入电流。结果表明，室温下阈值输入电流约为 2.5 mA，阈值输入电流随环境温度的升高而增大，并且随着输入电流的增大，输出功率增大。当输入电流超过一定值时，输出功率随输入电流的增大而减小。因此，在不同温度下，输出功率存在一个最大响应值。在不同环境温度下，泵浦源的 P-I 曲线呈现出相同的变化趋势，但其功率大小存在较大差距。器件的漏电流随温度升高而增大，阈值输入电流 $I_{th}(N, T)=I_{th0}+I_{off}(T)$ 也随之增大，导致输出功率下降。最终，激光器的性能恶化，并且在比以前更小的注入电流下形成热饱和。总之，泵浦发射的最大输出功率对应一个最佳输入电流；室温下输入电流为 44 mA 时，基于 MQW 材料的垂直腔面发射泵浦激光器的最大输出泵浦发射功率可达 12 mW。

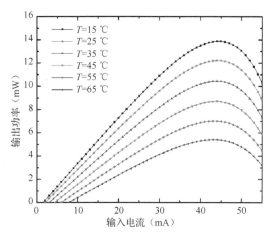

图 6.11　在不同环境温度（15～65 ℃）下，异质集成III-V族多量子阱垂直腔面发射泵浦激光器的输出泵浦发射功率（输出功率）与输入电流（0～50 mA）的关系

　　图 6.12 展示了所设计的异质集成Ⅲ-Ⅴ族量子点（QD）垂直腔面发射泵浦激光器的材料增益特性以及输出泵浦发射功率随输入电流的变化关系。从图 6.12（a）可以看到，输入电流增加时，有源层材料的增益随之增加，并逐渐趋于饱和。为了获得较大的光学稳态增益，可以适当提高 DBR 反射率，这是由于随着反射率的增加，有源层发出的光子将获得更多的光反馈，这将加剧有源区载流子的消耗（复合）。当有源区载流子的复合与注入达到稳态时，材料增益变化也将趋于饱和。图 6.12（b）展示了量子点垂直腔面发射泵浦激光器的泵浦输出特性。与 MQW 激光器类似，量子点激光器的输出泵浦发射功率随着输入电流的增大而增大，并逐渐饱和。当输入电流超过一定值时，输出功率随输入电流的增大而减小。输出功率随着温度的升高而降低。通过比较可以看到，量子点材料体系由于对载流子具有更好的三维限制作用，电子和空穴几乎无扩散地被势垒束缚在量子点中，因此，比二维限制的 MQW 材料具有更高的注入效率，更易于形成粒子数反转，其增益得到进一步提高，具有更低的阈值电流与更高的功率输出。20 ℃温度下，输入电流为 25 mA 时，基于量子点材料的垂直腔面发射泵浦激光器的最大输出泵浦发射功率可达 24 mW。为了简化计算，上述基于量子点的理论模型并没有考虑量子点的非均匀展宽特性，这部分的影响将导致激光器的性能比实际值偏好。由于晶体生长中量子点的形成具有随机性，量子点的尺寸大小具有一定的涨落，这些涨落导致了点系统光学性质的非均匀展宽。这种统计展宽的建模过程较为复杂，后续的器件集成泵浦源仍以 MQW 材料体系为主。

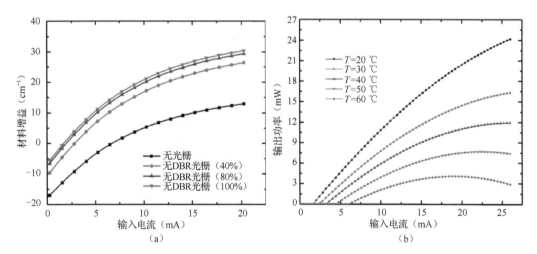

图 6.12　异质集成Ⅲ-Ⅴ族量子点垂直腔面发射泵浦激光器：（a）材料增益与输入电流（0～20 mA）的关系；（b）在不同环境温度（20～60 ℃）下，输出泵浦发射功率（输出功率）与输入电流（0～25 mA）的关系

6.3.2　光放大特性

　　图 6.13 展示了Ⅲ-Ⅴ族 MQW 垂直腔面发射泵浦激光器异质集成的掺铒光波导放大

器的信号增益特性。这种放大器的理论模型和参数提取均依据前面章节中所讨论的内容。在这种混合结构中，由于掺铒材料和氮化硅波导的散射，波导中的任何附加光强度都可能引入额外的内腔损耗，相应的损耗数据可参阅第 4 章的表 4.1。

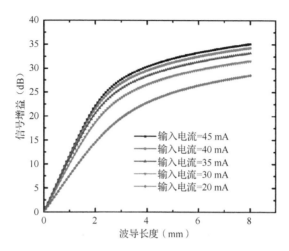

图 6.13　在不同驱动电流（20～45 mA）下，Ⅲ-Ⅴ族 MQW 垂直腔面发射泵浦激光器异质集成的掺铒光波导放大器的信号增益与波导长度（0～8 mm）的关系

可以看出，放大器增益随着注入多量子阱的输入电流的增加而增加，并逐渐饱和。这一结果是因为信号功率的增加进一步增强了铒离子受激辐射，从而导致激发态铒离子浓度更快地降低。浓度的降低反过来又限制了信号的进一步放大，导致增益饱和，随着输入电流的增加而减慢。由于泵浦光垂直入射，泵浦功率沿波导传输方向变化不大。因此，放大器中不存在泵浦过吸收效应，掺铒材料相对于泵浦光具有更高的吸收效率。根据图 6.13 推算，室温下输入电流为 45 mA 时，最大饱和增益约为 42.5 dB/cm。这种具有电注入泵浦的高增益硅基光波导放大器，可以较好地解决片上硅光子学系统中掺铒光波导放大器的电驱动技术难题。

6.3.3　频率响应特性

器件的频率响应特性直接决定了器件的传输带宽，具有重要的研究意义。由于Ⅲ-Ⅴ族多量子阱材料中的高能级载流子寿命比掺铒材料中的激发态离子寿命短，光波导放大器的频率响应主要由异质集成的多量子阱垂直腔面发射泵浦激光器决定。该器件的频率响应特性反映了不同工作频率下输出和输入之间的关系。通过对其复合等效电路模型进行修正，可以从理论上计算器件的频率响应，在电流和信号幅值范围较宽的情况下，与实际器件的频率响应符合得很好，从而可以优化信号带宽，提高数据传输速度。器件的光电转换特性用大信号模式下的速率方程来描述，复合等效电路的频率响应函数如下[3]：

$$H(f) = \frac{f_r^2}{f_r^2 - f^2 + 2j\gamma f/(2\pi)} \cdot \frac{1}{1 + jf/f_p} \tag{6.19}$$

式中，f_p 是截止频率，f_r 是弛豫振荡频率，由公式

$$f_r = \sqrt{\frac{\Gamma G_0 (I - I_{th})}{4\pi^2 qV}} \tag{6.20}$$

计算，其中 Γ 是限制因子，G_0 是增益系数，γ 是阻尼系数。γ 可以表示为

$$\gamma = 4\pi^2 (\tau_p + \varepsilon/G_0) \tag{6.21}$$

其中，τ_p 是光子寿命，ε 是增益压缩因子。这些参数也可以使用实验数据进行迭代优化。

　　图 6.14（a）展示了室温下设计的掺铒光波导放大器在不同输入电流下的频率响应。首先，当注入相同的输入电流时，响应幅度随输入信号的频率增加而增大，随后减小。定义-3 dB 的响应幅度所对应的输入信号频率为器件带宽。其次，在低电平下，随着输入电流的增加，响应幅度的峰值向右移到较高的频率；然而，随着输入电流的进一步增加，响应幅度的峰值又向左移到较低的频率。可以看到，随着输入电流的增加，放大器的传输特性与泵浦发射输出功率的变化相对应。在室温下，输入电流为 30 mA 时，最大带宽约为 42 GHz。器件的大带宽特性反映了其高速调制的能力。图 6.14（b）展示了在不同环境温度下器件带宽和输入电流之间的关系。可以看到，随着输入电流的增加，带宽首先增加然后减小。这种变化与图 6.11 中所示的泵浦发射输出功率的变化趋势相同。此外，带宽的初始转折点随温度的升高而减小，饱和下降点也随温度的升高而减小，这也类似于图 6.11 中所示的饱和下降点的变化。因此，放大器的频率响应

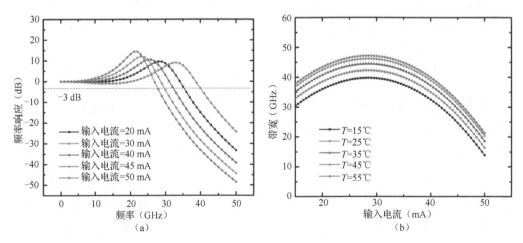

图 6.14　所设计的掺铒光波导放大器：（a）室温下不同输入电流（20～50 mA）下的频率响应；（b）不同环境温度（15～55 ℃）下的带宽与输入电流的关系

对应于多量子阱发射泵浦激光器的 *P-I* 变化。对此的物理解释是，注入电流的增加导致器件温度的升高，载流子获得了更多的能量来突破量子阱势垒，导致泄漏增加。因此，器件光电调制特性逐渐恶化。最终可以从温度控制的角度改善放大器的带宽特性。

6.3.4　硅基掺铒材料-半导体异质集成光源的工艺制备方案

低损耗 Si/Si_3N_4-掺铒混合波导制备工艺（如图 6.15 所示）从构成底部 DBR 层的硅衬底和 SiO_2/Si_3N_4 介质膜开始。它与传统的 CMOS 工艺一样，首先采用等离子体增强化学气相沉积（PECVD）制备 SiO_2/Si_3N_4 DBR 结构。反应气体用射频或其他方法电离，局部形成等离子体。等离子体具有较强的自发反应活性，可以在较低的温度下在衬底上交替生长高质量的 SiO_2 和 Si_3N_4 薄膜。之后，使用低压化学气相沉积（LPCVD）来沉积厚的化学计量比的 Si/Si_3N_4 波导层，从而与衬底层形成约 23% 的固定折射率对比。接着进行光刻，将显影的光刻胶在热板上回流，以在蚀刻前降低线边缘粗糙度。采用反应离子刻蚀 Si/Si_3N_4 波导层，由此定义波导芯宽度。随后，通过 LPCVD 沉积 100 nm 厚的 SiO_2 层。经过几小时的退火后，通过化学机械抛光（CMP）去除波导芯上方的 SiO_2 突起。抛光完成后，采用溅射沉积掺铒增益层作为波导上耦合层，最后再退火 1 小时完成光激活。

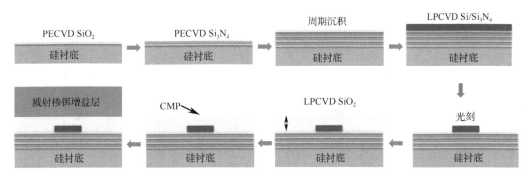

图 6.15　低损耗 Si/Si_3N_4-掺铒混合波导制备工艺

图 6.16 展示了上述电驱动的、位置可调的、全集成的掺铒光波导放大器的可行工艺制备方案。在掺铒混合波导制备后，采用外延生长技术在 InP 衬底上制备了高质量的多量子阱泵浦源。值得注意的是，在制备泵浦源之后，需要沉积 1.5 μm 的高反射涂层（为简化表示，图中未包括），以减少波导中信号光到泵浦层的泄漏。掺铒波导器件与Ⅲ-Ⅴ族泵浦源的异质集成是整个器件的关键工艺，主要涉及晶圆键合方法。首先，采用 PECVD 方法在掺铒波导和Ⅲ-Ⅴ族泵浦源上沉积一层薄的键合介质层（可用 SiO_2/SiN 膜作为键合介质）。随后，进行化学机械抛光，以平滑黏合介质的表面粗糙度，满足黏合要求。为了提高键合质量，通过热退火工艺降低键合介质中氢和水的含量。接着，采用反应离子刻蚀和键合的方法激活表面，完成掺铒薄膜与Ⅲ-Ⅴ族泵浦源的异

质集成，并通过机械稀释和化学蚀刻去除Ⅲ-Ⅴ族泵浦源的原始衬底。最后，在器件上后续进行涂胶、显影、刻蚀的传统光刻工艺，并沉积电极，其工艺步骤如图 6.16 所示[14]。

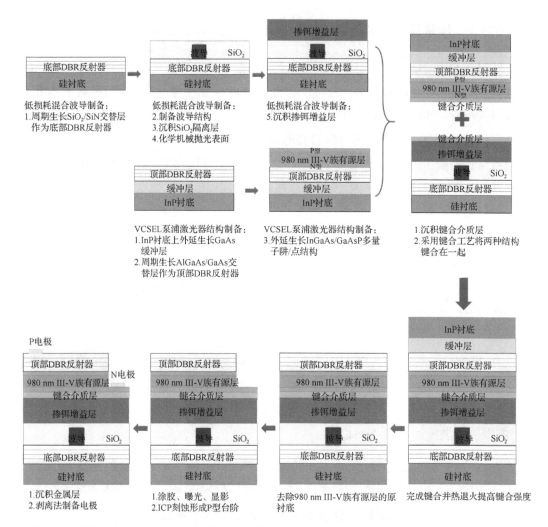

图6.16　器件的制备工艺方案，包括掺铒增益层的制备、Ⅲ-Ⅴ族泵浦源的制备、键合工艺及后续加工

参 考 文 献

[1] T. Matsumoto, K. Tanizawa, K. Ikeda. Hybrid-Integration of SOA on Silicon Photonics Platform Based on Flip-Chip Bonding. *J. Lightw. Tech.*, 37(2), 307-313 (2019).

[2] R. Jones, P. Doussiere, J. B. Driscoll, et al. Heterogeneously Integrated Photonics. *IEEE Nanotechnol. Mag.*, 17 (2019).

[3] Z. M. Wu, G. Q. Xia, J. G. Chen. Variation of carrier lifetime during the dynamic response of semiconductor optical amplifier to ultra-short optical pulse. *J. Opt. Commun.*, 25, 104-105 (2004).

[4] M. Belt and D. J. Blumenthal. Erbium-doped waveguide DBR and DFB laser arrays integrated within an ultra-low-loss Si_3N_4 platform. *Opt. Express*, 22(9)10655-10660 (2014).

[5] D. Jung, Z. Zhang, J. Norman, et al. Highly reliable low threshold InAs quantum dot lasers on on-axis (001) Si with 87% injection efficiency. *ACS Photon.*, 5(3), 1094-1100 (2017).

[6] B. Weigl, M. Grabherr, C. Jung, et al. High-performance oxide-confined GaAs VCSELs. *IEEE J. Sel. Top. Quantum Electron.*, 3(2), 409-415 (2002).

[7] A. Y. Liu, R. W. Herrick, O. Ueda, et al. Reliability of InAs/GaAs Quantum Dot Lasers Epitaxially Grown on Silicon. *IEEE J. Sel. Top. Quantum Electron.*, 21(6), 1900708 (2015).

[8] M. Muller, W. Hofmann, T. Gründl, et al. 1550-nm high-speed short-cavity VCSELs. *IEEE J. Sel. Top. Quantum Electron.,* 17(5), 1158-1166 (2011).

[9] X. N. Kang, G. F. Song, X. J. Ye, et al. Effect of high aluminum AlGaAs oxidized layers on vertical-cavity surface-emitting lasers. *Chin. J. Semiconductors*, 25(5), 589-593 (2014).

[10] A. Sugimura, J. S. Shen. The relationship between the structure of InGaAsP Quantum Well Laser and the threshold current density. *Semiconductor Optoelectron.*, 3 (1983).

[11] P. V. Mena, J. J. Morikuni, S.-M. Kang, et al. A Simple Rate-Equation-based Thermal VCSEL Model. *J. Lightw. Tech.,* 17(5), 865-872 (1999).

[12] L. H. Mao, H. D. Chen, J. Tang, et al. Small Signal Equivalent Circuit Model and Modulation Properties of Vertical Cavity-Surface Emitting Lasers. *Chin. J. Semiconductors*, 23(1), 82-86 (2002).

[13] H. Y. Yang, Y. N. Xu, H. J. Ren. A vcsel simulation model aimed at next generation optica communication. *Math. Pract. Theory*, 48, 128-137 (2018).

[14] P. Q. Zhou, B. Wang, X. J. Wang, et al. Design on an on-chip electrically- driven, position-adapted, fully-integrated erbium-based waveguide amplifier for silicon photonics. *OSA Continuum.*, 4(3), 790-814 (2021).

第7章　高增益单晶铒硅酸盐化合物纳米线光源

硅基铒硅酸盐光波导放大器很难实现预期的高增益，主要原因有两个。一个原因是波导的传输损耗很大，达到 8 dB/cm[1]。这是由于铒镱/钇硅酸盐化合物中的铒离子需要高温才能被激活，而材料在高温生长过程中需要结晶，导致表面粗糙；在刻蚀波导过程中，材料侧壁也比较粗糙，根据理论计算，如果传输损耗降到 1 dB/cm 以下，可以获得 1 个量级以上的光增益[2]。另一个原因是铒粒子数反转和增益所需的泵浦功率密度大，而目前的泵浦激光器很难达到如此高的功率。2012 年，美国亚利桑那州立大学的 Ning 教授采用化学气相沉积方法制备了铒氯硅酸盐化合物纳米线，通过控制生长条件生长出单晶铒氯硅酸盐化合物纳米线，由于材料是单晶，表面缺陷非常少，这样波导的传输损耗可以大大降低[3]。还有一个新奇的发现是，该纳米线在高铒浓度下（$10^{22} cm^{-3}$）荧光寿命仍然没有降低，可以达到 540 μs，是铒硅酸盐化合物薄膜的荧光寿命（20 μs）的 27 倍，这可以保证采用较低的泵浦光功率就可以实现粒子数反转和高的光增益，从而可能解决无法获得更高泵浦光功率的问题[4]。

本章中将基于单晶铒钇硅酸盐化合物纳米线波导材料，利用单晶纳米线缺陷少的优点降低波导的传输损耗，利用纳米量子限制效应提高铒的发光寿命，进而只需较小的泵浦光功率就能实现铒的粒子数反转和净增益。另外，铒钇硅酸盐纳米线还可以利用上转换效应，使用长波长泵浦光源，其体积小，适合芯片规模的集成。因此，单晶铒钇硅酸盐化合物纳米线在实现光波导放大器上有着巨大的潜力。

7.1　铒硅酸盐纳米线器件的制备和表征

7.1.1　管式炉化学气相沉积法材料生长

纳米线的生长需要接触媒，前期制备涂有纳米金的硅基片很有必要。本书的实验选取了直径为 20 nm 的金颗粒溶液，通过悬涂的方式均匀地滴至清洗干净的硅衬底中，之后放入加热箱中以 70 ℃恒温加热至形成合金液滴，时间约为 40 min，该液滴的直径与分布于金属的自身性质、衬底温度和金属层厚度直接相关。此后，通过氮气将含铒硅酸盐元素的原材料气体进行气相输运，使参与铒硅酸盐纳米线生长的原子在液滴处凝聚成核，当这些原子数量超过液相中的平衡浓度后，结晶便会在合金液滴的下部析出并最终生长成纳米线，而合金则留在其顶部。也就是说，须状的结晶从衬底表面延伸，按一定的方向形成具有一定形状、直径和长度的铒硅酸盐纳米线。

以硅粉、氯化铒和氯化钇粉末为原料，将它们按照合适的配比混合后，用陶瓷舟置于管式炉中央，将涂有纳米金的硅片置于下游约 10 cm 处，之后将氮气以 70 sccm（standard cubic centimeter per minute）的气流量通入管式炉，同时对管式炉进行加热。首先用 40 min 加热至 1080 ℃，在此高温下保持 3 h，随后让其自然冷却至常温，由此制备出结晶度高、纯度高、尺寸均一的单晶核-壳结构铒硅酸盐化合物纳米线和铒钇硅酸盐化合物纳米线。其装置图如图 7.1 所示。

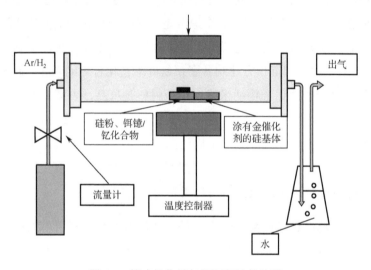

图 7.1　管式炉化学气相沉积法的装置

纳米线生长机理的三个阶段介绍如下。

第一阶段：原料粉体在催化剂纳米金的作用下，在硅片衬底表面聚集，如图 7.2 所示。

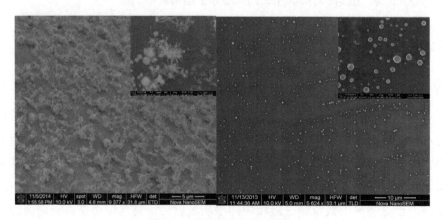

图 7.2　纳米线生长第一阶段

第二阶段：随着高温作用的持续，原料粉体混合物在催化剂的作用下开始自组装择优取向生长，在硅片衬底表面长出尺寸均一的纳米线簇，纳米线内核部分长成，如图 7.3 所示。

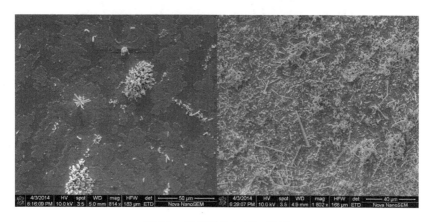

图 7.3　纳米线生长第二阶段

第三阶段：随着纳米线在催化剂的作用下不断发生化合反应，在衬底表面逐渐大面积地长出纳米线，并伴随着纳米线外壳部分的生长，具有核-壳结构、尺寸均一、结晶程度良好的铒钇硅酸盐 $Er_{3-x}Y_xCl(SiO_4)_2$ 纳米线最终长成。如图 7.4 所示。

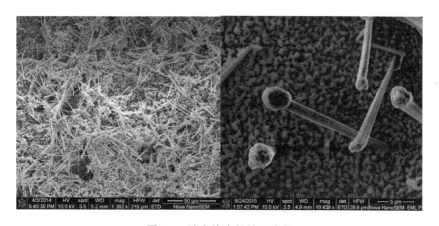

图 7.4　纳米线生长第三阶段

7.1.2　铒硅酸盐纳米线的结构表征

合成纳米线后，使用 SEM、TEM 等设备对其进行表征。

图 7.5 是合成的纳米线 SEM 图像。从大图可以发现，纳米线大面积均匀地散布于硅片中，直径在 500 nm～2 μm 之间，长度在 209 nm～100 μm 之间。从小图可以看到，线体表面光滑、材质均一。

图 7.5　纳米线 SEM 图像

　　图 7.6、图 7.7 和图 7.8 分别是纳米线的 TEM 图像、TEM 衍射图像和 XRD 表征结果。通过 TEM 可以发现样品是核-壳结构，纳米线内核处于高度结晶的状态，表面附有一层 10 nm 的非晶材料，结合 EDS 和 XRD 结果，验证其内核材料为铒硅酸盐，外壳为二氧化硅。为了提高铒离子的泵浦发光效率，我们在样品 1 中添加钇（Y）元素合成样品 2。两样品相比，样品 2 的衍射峰与样品 1 基本吻合，说明样品 2 虽然加入了钇（Y）元素，但未改变 $Er_3Cl(SiO_4)_2$ 的晶格结构，也说明钇（Y）原子取代了部分铒（Er）原子的位置。图 7.7 的衍射图像清晰表明样品的结晶性能良好，纳米线在[111]方向上硅择优纵向生长，在[060]方向上硅铒氯化物择优取向生长。

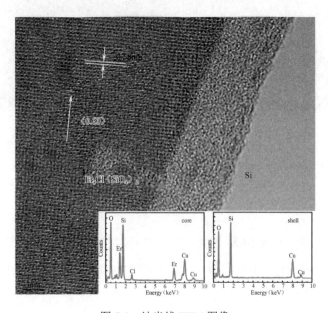

图 7.6　纳米线 TEM 图像

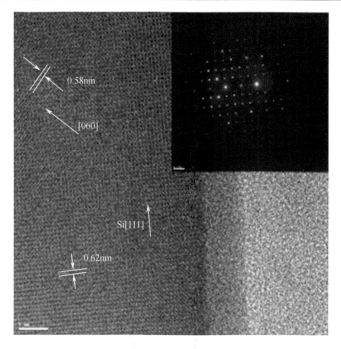

图 7.7　纳米线 TEM 衍射图像

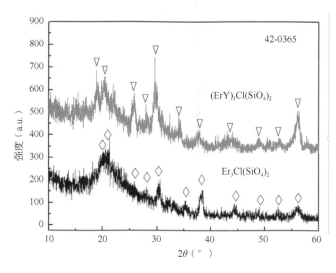

图 7.8　纳米线 XRD 表征结果

图 7.9 为单根纳米线的 EDS 元素分析图，进一步验证了纳米线的化合物成分。

7.1.3　铒硅酸盐纳米线的转移

在确定了纳米线的材料和结构后，为更好地稳定测试单根纳米线的性能，我们通过微操作平台，利用拉制的毛细玻璃管将生长的纳米线材料转移到二氧化硅标记片上，对其进行 PL 谱测试。图 7.10 为使用的微操作平台，图 7.11 为最终转移到标记片上的单根纳米线在 20 倍显微镜下的照片。

图 7.9   纳米线 EDS 元素分析图

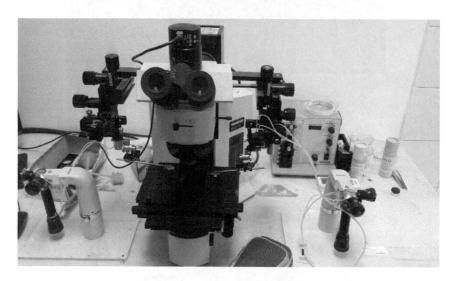

图 7.10   纳米线微操作平台

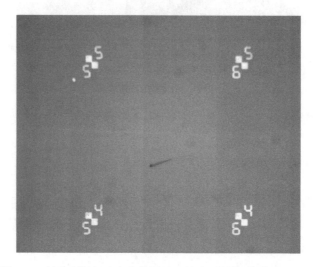

图 7.11   转移到标记片上的单根纳米线在 20 倍显微镜下的照片

7.2　铒硅酸盐纳米线器件的光放大增益测试

7.2.1　光放大增益测试平台

在光波导放大器的光放大增益测试中，采取强光泵浦、弱光探测的方式，泵浦源采用输出波长为 0.98 μm 的半导体激光器（LD）；信号源采用波长范围为 1440～1640 nm 的可调谐激光器，输出中心波长为 1.53 μm。强泵浦光和衰减后的弱信号光通过波分复用器（WDM）耦合入同一根单模光纤中，然后耦合入拉锥光纤。拉锥光纤→波导→拉锥光纤的耦合是通过三维位移平台实现的。从波导中耦合出的信号光通过 50/50 的分束器分别输入功率计和光谱分析仪。功率计用来监视波导↔拉锥光纤的对准情况，光谱分析仪用来分析收集到的信号光光谱。

在测试中，为了分析测试中肉眼观测到的上转换发光，在波导上方垂直放置一个多模光纤，用来收集波导散射的可见光。收集后送到单色仪 iHR550 中，经锁相放大送入计算机进行光谱成分分析。光放大增益测试系统如图 7.12 所示。

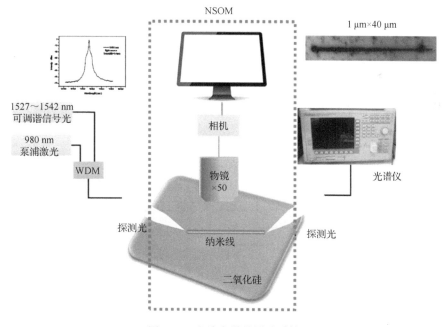

图 7.12　光放大增益测试系统

在原有测量平台的上端增加一个高倍的 CCD 镜头，以便于观察波导对准情况；在水平方向把泵浦光和信号光波分复用后对准到纳米波导端面，测量单根纳米线光波导的光增益。测试过程中的纳米线实际 CCD 观测图如图 7.13 所示。

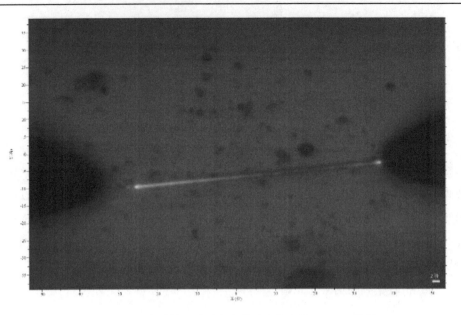

图 7.13   光放大增益测试过程中的纳米线实际 CCD 观测图

7.2.2   损耗测试结果分析

下面是纳米线波导的光放大测量系统。将信号光用入射光纤通到纳米线中，用另一根光纤在纳米线的另一端收集出射光，通过对比信号光通过纳米线和未通过纳米线的光谱，研究纳米线的传输损耗和本征吸收损耗。测试放大系统的实验波段为 1520～1540 nm；样品直径为 1 μm，长度为 40 μm。

通过分析计算图 7.14 中的测试数据，可以得出系统的总损耗为 57.5 dB，为本征吸收损耗、传输损耗、耦合损耗之和。

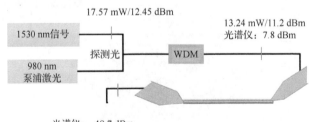

图 7.14   光放大增益总损耗测试结果

图 7.15 给出了光放大增益测试在泵浦功率为 0 和 105.8 mW 下的信号光输出强度（功率）随波长变化的关系图。

测试发现，在 1528 nm 附近的损耗比 1540 nm 处的损耗大 62.5 dB/mm，1528 nm 处对应了铒（Er）离子的一个能级，故有很强的吸收，但在 1540 nm 处并没有相应的能级，故此处损耗仅为传输损耗。所以，1528 nm 处多出的损耗为该能级对应的本征吸收损耗。对比在无泵浦光时在材料增益范围内最低值处的 1528 nm 的强度（本征吸收值最大处也是增益值最大处），以及在材料增益范围外的 1543 nm 处的强度，我们可以得到本征吸收损耗为 2.5 dB。

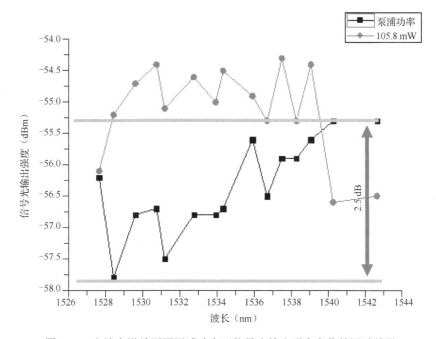

图 7.15　光放大增益不同泵浦功率下信号光输出强度变化的测试结果

之后，利用图 7.16 所示的测试系统得出的结果，得到纳米线的传输损耗为 3.4 dB[5]。

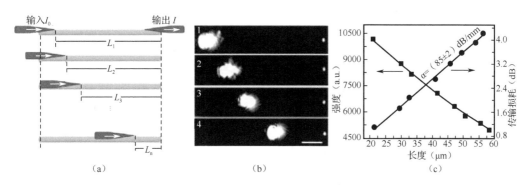

图 7.16　光放大增益传输损耗测试系统和结果

通过对前面三个损耗数据进行相减，可以得到耦合损耗（57.5 dB－2.5 dB－3.4 dB＝51.6 dB）。虽然耦合损耗占纳米线测试系统的损耗比例最大，但耦合损耗大部分由光纤头的散射引起，所以可以通过后期优化测试系统进行改善，比如，提高光纤头和纳米线的耦合效率。但是，另外两个损耗（本征吸收损耗和传输损耗）是由纳米线自身的固有属性决定的，测试的实际相对增益必须大于这两者之和才能得到净增益。

7.2.3　增益测试结果分析

通过 WDM 将泵浦光引入系统中，与信号光一起同时输入纳米线中，用来测试纳米线在泵浦光作用下的相对增益。在信号功率一定的情况下，测试 1524～1545 nm 的增益变化。图 7.17 所示为 980 nm 泵浦 1530 nm 的光致发光光谱，测试的范围是中间的峰值范围。

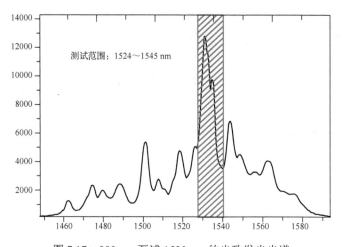

图 7.17　980 nm 泵浦 1530 nm 的光致发光光谱

图 7.18 所示为不同波长入射功率曲线和有泵浦功率后的相对增益测试结果。从图中可以发现，最大相对增益出现在 1528 nm 处，为 2.6 dB，除以纳米线的长度 40 μm，得到纳米线的增益为 65 dB/mm。

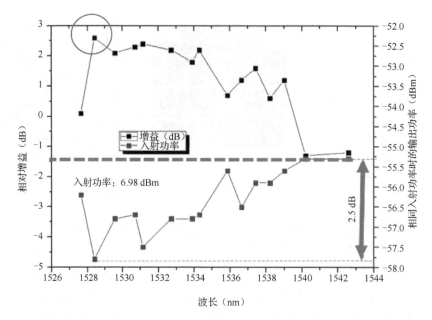

图 7.18　不同波长入射功率曲线和有泵浦功率后的相对增益测试结果

图 7.19 为不同波长信号增强随泵浦光强度（功率）的变化。

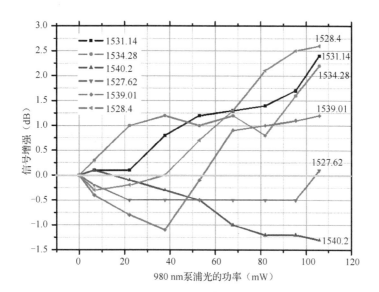

图 7.19　不同波长信号增强随泵浦光强度（功率）的变化

从测试结果发现，随着 980 nm 泵浦光功率的增加，1528.4 nm、1531.14 nm 和 1534.28 nm 处的增益逐渐增加。在泵浦光功率为 100 mW 左右时，在 1528.4 nm 处获得了最大的相对增益，约为 65 dB/cm。另外，1527.62 nm 和 1539.01 nm 处的增益先减小后增大，1540.2 nm 处的增益逐渐减小。对于增益减小和抖动现象，猜测与测试时光纤头的抖动或各波长之间的增益竞争有关。

由于实际损耗等于本征吸收损耗加上传输损耗，所以非吸收波段的传输损耗在泵浦功率加大的过程中保持不变。虽然泵浦光功率加大时增益增大，并且最大值达到了最高 65 dB/cm，但由于本征吸收损耗以及传输损耗过大，相对增益未完全弥补损耗，所以并未达到能级之间的粒子数反转。测试中得到了 1528.4 nm 附近波长的最大增益为 2.6 dB，增益越大的波长处的损耗也越大，1528.4 nm 处的本征吸收损耗至少为 2.5 dB（62.5 dB/cm）；不同波长处的增益和本征吸收损耗一致，增益值最大处也是本征吸收损耗最大处。

7.3　铒硅酸盐纳米线上转换激光器

7.3.1　激光测试系统和测试方法

图 7.20 给出的测试系统光谱测试结构图。首先，将最大功率为 115 mW 的 1480 nm 的连续光激光器通过拉锥光纤入射到纳米线的一个端面，拉锥光纤与端口的间距通过

微小调节达到最佳效率。纳米线受到激发后的辐射光通过 50 倍物镜进行收集。物镜收集的辐射光在拉曼测试系统中分成两部分：一部分光进入探测器最终输出光谱；另一部分进入摄像头，用于实时观测。

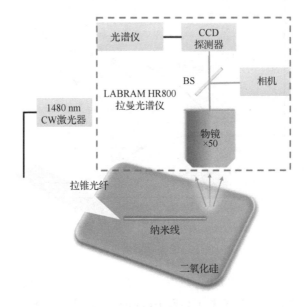

图 7.20 光谱测试结构图

图 7.21 所示为拉曼低温测试平台。图中，（a）和（b）分别为常温下 980 nm 激光器入射光光斑和 1480 nm 激光器泵浦出的信号光；（c）为低温测试时用于陈放样品硅片的容器，由于测试条件的限制，低温测试时，泵浦光只能通过空间对光的方式，将泵浦光用物镜透过容器上方的透过率极高的透明玻璃片聚焦到纳米线上对光；（d）为测试全图，测试过程中，低温液氮通过不断流出流进（c）所示的容器实现降温。另外，系统还配备了温度控制器来精确控制样品的实际温度，温度控制范围为 77～300 K。

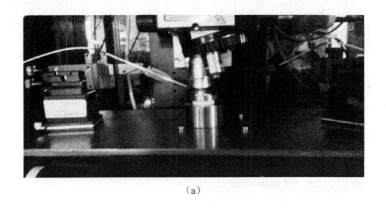

（a）

图 7.21 拉曼低温测试平台

（b）　　　　　　　　　　　（c）　　　　　　　　　　　（d）

图 7.21（续）　拉曼低温测试平台

7.3.2　光致发光测试结果分析

对于常温光谱测试，采用直径为 900 nm、长度为 20 μm 的纳米线。图 7.22 为光谱仪测试结果。其中，插图为 CCD 中的实际观测图。可以发现，在 115 mW 的 1480 nm 激光器的泵浦作用下，纳米线通体发着强绿光，在长时间的泵浦光作用下，发光强度不变，这表明，在当前泵浦强度下，纳米线中暂未发生热损耗。对测试的光谱结果进行分析发现，纳米线在 400～1050 nm 的超宽范围内都有不同程度的发光，这些波段的光谱均由一系列线宽为 0.5～1.25 nm 的多峰组成。通过对比我们发现，在 980 nm 附近的发光强度远高于其他波段的发光强度。为了解释这种现象，我们可以分析铒离子的能级结构和它的上转换机制。

图 7.23 给出了铒离子的能级结构，为了得到在可见光波段的光，在铒离子内部发生了两阶上转换机制。首先，铒粒子吸收 1480 nm 的泵浦光，大量粒子集中在 $^4I_{13/2}$ 能级上，当这些粒子聚集得足够多时，发生一阶合作上转换，跃迁至 800 nm 对应的高能级上。由于该能级寿命较短，粒子会快速弛豫至 980 nm 对应的能级上。之后，继续增加泵浦光，当 980 nm 上的粒子聚集得足够多时，粒子弛豫速度降低，再次发生合作上转换，粒子跃迁至更高的、对应于 410 nm 的能级上，少部分直接向下跃迁，产生 410 nm 的光，绝大部分由于该能级寿命较短而弛豫到其他能级，再发生向下跃迁，从而产生不同能级的可见光发光。这些泵浦光的强度与对应的能级寿命成正比例关系，寿命越长，强度越大。在进一步的测试中发现，在低泵浦光功率下，先泵浦出 980 nm 的上转换光，在继续加强泵浦光的情况下，980 nm 的上转换光增强到一定程度后会激发其他上转换光，比如 850 nm、650 nm、550 nm 波段的光，同时，980 nm 波段光的增长速度

减慢。这说明，其他波段的上转换光是在 980 nm 能级的二次能量上转换的，这与本文推论的两阶上转换机制相符。

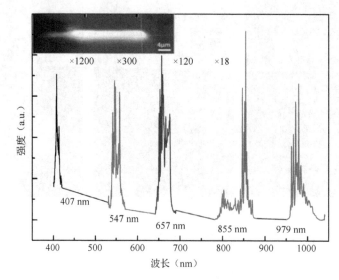

图 7.22　光谱仪测试结果

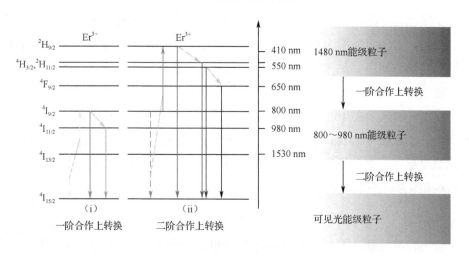

图 7.23　两阶上转换机制

同时发现，在相同的 1480 nm 激光泵浦下，当 980 nm 的上转换光显示出比较高的强度时，1530 nm 部分的上转换光强度很弱，几乎被 1480 nm 激光本身在 1530 nm 处的旁瓣掩盖。这说明，很多 1530 nm 能级的粒子在来不及向下泵浦时已经发生了上转换，显示了上转换过程的高效率。

在 980 nm 激光泵浦下，同样发现了 650 nm、550 nm 等波段的发光（由于滤波片作用，850 nm 部分被滤掉），与 1480 nm 部分的发光相似，进一步证实了上述分析的两阶上转换机制。同时，也观察到了 980 nm 激光下 1530 nm 部分的发光，强度较 650 nm

和 550 nm 处高，说明在 980 nm 能级上，粒子下转换的效率高于上转换的效率。这显示，当 1530 nm 波段能级上的粒子浓度较大时，粒子会大量发生能量上转换，但当 980 nm 波段能级上的粒子浓度足够大时，粒子也会优先弛豫到 1530 nm 波段，发出 1530 nm 波段的下转换光。

之后，重点对不同泵浦功率下 980 nm 波段的发光进行进一步研究。图 7.24 是不同泵浦强度下的光谱图。图中给出的是纳米线分别在 1 mW、6 mW、15 mW 下的辐射光谱。980 nm 波段的光谱由多个尖峰组成，呈现高信噪比，对应纳米线中不同传输模式的光，其线宽为 1.25 nm，随强度变化保持不变。

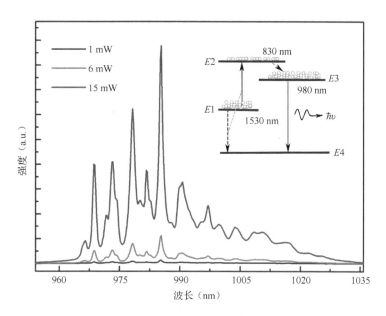

图 7.24　不同泵浦强度下的光谱图

为了解释这样高强度的 980 nm 波段光的激射，提出了一种新的、简化前面所述能级结构的四能级结构。首先，粒子在 E_1 能级通过合作上转换跃迁至 E_2 能级，之后，通过弛豫过程到达 E_3 能级，最终向下跃迁到达 E_4 基态能级。这样的四能级结构保证了粒子束反转的实现条件：

（1）辐射跃迁对应的上能级 E_3 的粒子不直接来源于下能级 E_4。

（2）上能级 E_3 与其粒子来源能级 E_1 之间有一个寿命较短的 E_2 能级作为缓冲。

以上两个条件的实现，预示了铒硅酸盐纳米线材料潜在的激光特性。

为进一步分析 Y^{3+} 对光谱性质的影响，通过调节不同的粉末配比分析了 $x=0.4$、$x=0.6$、$x=1.5$、$x=3$ 下的光谱，图 7.25 为不同配比下的光谱蓝移。氯化钇的添加，钇原子不但取代了铒原子的位置而未改变铒硅酸盐纳米线的晶体结构，形成铒钇硅酸盐

[Er$_{3-x}$Y$_x$Cl(SiO$_4$)$_2$]纳米线，而且均匀地分散了铒离子，使其可见光上转换降低，相应的泵浦发光相对强度得到增强。如图 7.25 中所示，随着 x 的减小，光谱发生了蓝移，可以归为如下两个原因：

（1）Y^{3+} 与 Er^{3+} 离子的晶格系数不同，Y^{3+} 更大。

（2）Er^{3+} 离子之间的距离变大。

在同样功率的泵浦光下，$x=1.5$ 的样品在 980 nm 处有最大的出射功率，即最优的上转换效率。

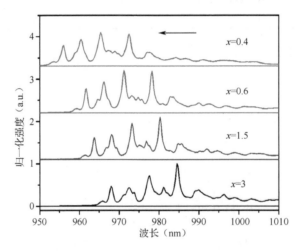

图 7.25　不同配比下的光谱蓝移

图 7.26 给出了不同波长的出射功率与泵浦功率的关系曲线。这 4 条曲线分别对应以 985 nm、860 nm、836 nm 和 663 nm 为中心的尖峰的强度变化曲线。860 nm 和 985 nm 对应的曲线，在 45 mW 的泵浦功率下由于达到了探测器能探测的最大功率而封顶了，但是，由于 4 个尖峰的上升趋势相似，从 663 nm 和 836 nm 的曲线可知，出射功率仍有很大的上升空间。

插图（i）显示了阈值泵浦功率 7 mW 前后的 PL 强度增长速率。低于阈值时，纳米线内发生的为非辐射发光，增长速率缓慢；达到阈值后，纳米线开始发生激射，PL 强度开始成直线上升。

插图（ii）显示了出射功率与泵浦功率的双对数关系（S 曲线）。S 曲线很好地反映了激光的三个阶段：自发辐射、受激光放大和受激辐射。以上结果均显示了铒硅酸盐的类激光特性。

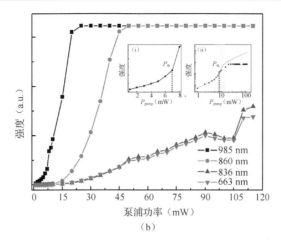

图 7.26 不同波长的出射功率（强度）和泵浦功率曲线

虽然在常温下纳米线已经有了很强的 PL 强度，但是，常温下因热作用而依然存在噪声，各峰未完全分开。为了消除热作用的影响，在液氮温度下通过空间对光的方式对纳米线的光谱进行测试。但是，由于低温条件的限制，最大泵浦功率为 225 μW。

在这么低的泵浦功率下依然探测到了 PL 谱。图 7.27 的测试结果给出了不同温度下的 PL 谱。可以发现，在各尖峰处，峰位不变，线宽减小至 0.25 nm，但噪声几乎消失。随着温度升高，出射功率强度逐渐减小，线宽几乎不变。结合常温下和低温下的测试分析，预计通过测试条件的进一步优化，可以实现近红外的无噪声 PL 激光。这预示了铒硅酸盐纳米线激光器在近红外微纳激光器应用中的巨大潜力[6]。

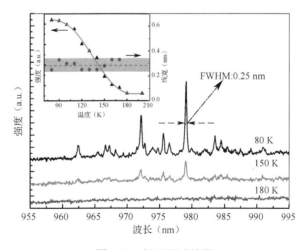

图 7.27 低温测试结果

对纳米线尺寸形貌对发光特性的影响进行了分析。

可以发现，纳米线尺寸越大，其泵浦发光的相对强度值越大。这主要是因为纳米线的尺寸越大，所含的铒离子数越多，泵浦发光越强。这一点与激发光的耦合效率直接相关，纳米线尺寸越大，耦合效率也就越高，泵浦发光越强。

目前，合成的纳米线中主要有圆柱体和长方体两种形貌，从相同尺寸的纳米线对比结果来看，受耦合效率很难相同的影响，纳米线的形貌对发光特性的影响不大。纳米线发光特性的影响因素主要是纳米线的铒镱/钇摩尔比例和尺寸[7,8]。

参 考 文 献

[1] X. J. Wang, B. Wang, L. Wang, et al. Extraordinary infrared photoluminescence efficiency of $Er_{0.1}Yb_{1.9}SiO_5$ films on SiO_2/Si substrates. *Applied Physics Letters*, 98, 071903 (2011).

[2] B. Wang, R. M. Guo, X. J. Wang, et al. Large electroluminescence excitation cross section and strong potential gain of erbium in ErYb silicate. *Journal of Applied Physics*, 113, 103108 (2013).

[3] H. Sun, L. J. Yin, Z. C. Liu, et al. Giant optical gain in a single-crystal erbium chloride silicate nanowire. *Nature Photon.*, 11(9) (2017).

[4] A. L. Pan, L. J. Yin, Z. C. Liu, et al. Single-crystal erbium chloride silicate nanowires as a Si-compatible light emission material in communication wavelength. *Optical Materials Express*, 1, 1202-1209 (2011).

[5] X. X. Wang, W. H. Zheng, et al. Silicon-erbium ytterbium silicate nanowire waveguides with optimized optical gain. 物理学前沿:英文版, 12(1), 127801, (2017).

[6] P. Q. Zhou, S. M. Wang, X. J. Wang, et al. High-Gain Erbium Silicate Waveguide Amplifier and Low-Threshold, High-Efficiency Laser. *Optics Express*, 26(13), 16689 (2018).

[7] R. Ye，C. Xu，X. J. Wang，et al. Room-temperature near-infrared up-conversion lasing in single-crystal Er-Y chloride silicate nanowires. *Scientific Reports*, 6, 34407 (2016).

[8] 叶蕊. 高增益单晶铒钇硅酸盐化合物纳米线光源研究. 北京大学, 2017.